青少年 科普知识 读本

打开知识的大门，进入这多姿多彩的殿

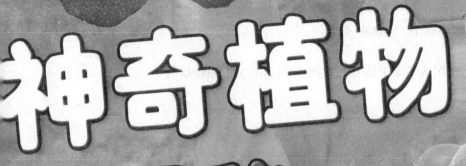

神奇植物大揭秘

苏　易◎编著

河北出版传媒集团

河北科学技术出版社

图书在版编目(CIP)数据

神奇植物大揭秘 / 苏易编著. --石家庄：河北科
学技术出版社，2013.5(2021.2 重印)
ISBN 978-7-5375-5868-6

Ⅰ.①神… Ⅱ.①苏… Ⅲ.①植物-青年读物②植物
-少年读物 Ⅳ.①Q94-49

中国版本图书馆 CIP 数据核字(2013)第 095892 号

神奇植物大揭秘

shenqi zhiwu da jiemi

苏易 编著

出版发行	河北出版传媒集团	
	河北科学技术出版社	
地　址	石家庄市友谊北大街 330 号(邮编:050061)	
印　刷	北京一鑫印务有限责任公司	
经　销	新华书店	
开　本	710×1000　1/16	
印　张	13	
字　数	160 千字	
版　次	2013 年 5 月第 1 版	
	2021 年 2 月第 3 次印刷	
定　价	32.00 元	

前言

Foreword

数十亿年的风雨，数十亿年的造化，数十亿年的演变，生物经历了无穷无尽的蜕变及再生。植物像繁星那样众多、像深海那样幽邃、像高山那样奇特。无垠的天地、无穷的变化，凸显了植物的千姿百态，万种奇观。

植物世界奇花异草，多有神秘面纱，有许许多多的奇异植物，是很多人闻所未闻的。它们的神奇，它们的秘密，让人们感到兴趣盎然，又迷惑不解。

为了满足青少年朋友们的需要，本书采用生动、形象的语言，介绍了植物王国里那些鲜为人知、奇趣无穷的植物，描绘了它们的生长特点和生活环境，让青少年朋友从阅读中获得知识与乐趣，从图片中汲取印象与享受，充分感受到植物世界的多样性与丰富性。本书帮助青少年朋友们深入理解植物，使青少年朋友们在阅读过程中犹如身临其境，轻松、愉快地探索植物的奥秘。

本书的内容丰富多彩，包含了孩子最感兴趣、最想知道的植物奥秘。能够引领青少年朋友走进奇妙的植物世界，与美丽大自然零距离接触；能够让青少年朋友们去领略大自然的各种迷人风光，找寻人类快乐、幸福的家园；能够让青少年朋友们在平凡的植物王国中发现不平凡的秘密……走进纷繁的植物天地，探索与解读那令人眼花缭乱的植物奥秘。

前言

走进植物世界

了解植物习性

目录

Contents

不毛之地的绿植

神奇的草药植物

目录

Contents

Contents

千姿百态的植物

目录

目录

Contents

走进植物世界

大千世界，万物
争奇。植物也在
这姿彩万千的世
界中扮演着不可
或缺的角色。

植物的分类

最原始的植物大约在太古代的 34 亿年前出现，在以后极漫长的时间里，这些最原始植物的一部分经遗传保留下来了；另一部分则逐渐演化成新的植物。随着地质的变迁和时间的推移，新的植物种类不断产生，但也有一部分老的植物由于各种因素消亡了，这样经过不断的遗传、变异和演化就形成了今天地球上这样丰富多样的植物。

根据植物构造的完善程度、形态结构、生活习性、亲缘关系，将植物分为高等植物和低等植物两大类。每一大类又可分为若干小类。

低等植物是植物界起源较早、构造简单的一群植物，主要特征是水生或湿生，没有根、茎、叶的分化；生殖器官是单细胞，有性生殖的合子不形成胚直接萌发成新植物体。低等植物可分为藻类、菌类和地衣。

高等植物大多陆生。它们的植物常有根、茎、叶的分化（苔藓植物可例外），雌性生殖器官是由多个细胞构成的。受精卵形成胚，再长成植物体。

植物的区域分布

植物的生存必须依赖环境条件，其中最主要的因素是气候条件。我们都知道，地球上的气候是呈带状分布的，相应地，从赤道到两极，植物也呈带状分布。

我们都知道，地球上有五带，即热带，南、北温带，南、北寒带。如果再细分，还可以分为赤道带、热带、亚热带、暖温带、中温带、寒温带、亚寒带和寒带等。这些地带的划分的主要依据是太阳的热量在地球上的分布状况。这些不同的地带大致呈横向条带状，顺着纬线方向（东西方向）延伸。从赤道向两极，一个地带转换成另一个地带，顺着经线方向（南北方向）交替排列。这种分布状况称为地带性分布或称纬度地带性分布。因此，在分布问题上，人们把纬度称为地带性因素。我们可以这样概括：地球上热量带的分布状况是地带性分布，影响热量分布的主要因素是纬度。除此以外的分布状况，我们统称为非地带性分布。例如中国的降水量东南部多，越向西北降水越少。从东南向西北可以按干湿情况划分几个地区，即湿润地区、半湿润地区、半干旱地区和干旱地区。我国东南沿海皆属湿润地区，新疆则处于干旱地区。这种分布状况就不是地带性的，而是非地带性分布。造成这种分布状况的原因，很明显不是纬度，而是降水情况。距海远近是造成这种分布的主要因素。

由于气温、气压、风向、降水等天气现象是相互影响的，地球上气温、降水的分布都具有地带性的特点，而气温与降水更直接影响植物的生长。因此，地球上各大陆大部分地区的植被分布就是地带性的了。

植物的生长需要一定的热量，所以气温过低的两极地带就缺乏植被。对于水分的要求，树木与草类不同，树木比草需要更多的水，所以在一定的温度条件下，森林生长在湿润或比较湿润的地区，而在比较干旱的地区，树木不易生长，植被以草原为主，非常干旱的地区则只有荒漠植被。

热带雨林主要集中分布在南、北纬10°之间的亚马孙河流域、刚果河流域和东南亚地区，它是分布在热带高温潮湿气候区的常绿森林，树种繁多。乔木高达30米以上，有的甚至可达40~60米，主干挺直，通常可分出3层结构。热带雨林的植物量（主要是木材）占全球陆地植物总量的40%。它的盛衰直接影响着全球环境，保护热带雨林已成为当前世界关注的紧迫问题之一。

热带季雨林分布在热带雨林外围，主要分布在东南亚和印度半岛等地区。它形成于干湿季节交替的热带气候条件下，又称季风林或热带季节林。和热带

雨林相比，热带季雨林结构较简单，只分上下两层。由于气候的影响，热带季雨林可分为两大类型：落叶季雨林和半常绿季雨林（常绿季雨林）。落叶季雨林分布在年降水量 500～1500 毫米，且有较长干季的地区，大多数树种在干季落叶。半常绿季雨林分布在年降水量 1500～2500 毫米，水热结合良好的地区，在短暂的干季，高大的乔木可出现几天到几周的无叶期。热带季雨林与热带雨林之间很难划分出明确的界线，呈逐渐过渡的形势。

亚热带常绿阔叶林主要分布在东亚，即亚热带季风气候区，这里夏季炎热而潮湿，年平均气温 15～21℃，年降水量 1000～2000 毫米。终年常绿，树冠浑圆。亚热带常绿阔叶林植物资源非常丰富，有许多珍贵林木、速生林木和经济林木。常绿阔叶林保存面积不大，在我国从秦岭山地到云贵高原和西藏南部山地都有广泛分布，在开发利用的同时，已加强培育和保护。

夏绿阔叶林又称落叶阔叶林，主要分布在西欧、中欧、东亚、北美东部等地。这里夏季炎热多雨，冬季寒冷，年降水量在 500～1200 毫米。林木冬季落叶。亚洲的夏绿阔叶林主要分布在我国华北、东北南部的暖温带地区，以及朝鲜和日本的北部，由于人类经济活动，已无原始林。

寒温带针叶林又称北方针叶林或泰加林。分布在亚欧大陆和北美洲的北部，在中、低纬度的高山地区也有分布。由耐寒的针叶乔木组成。这里夏季温湿，冬季严寒而漫长，年降水量 300～600 毫米。针叶林常由单一树种构成，树干直立。云杉和冷杉属耐阴树种，林内较阴暗，被称为阴暗针叶林。松树和落叶松为喜阳树种，林内较明亮，称为明亮针叶林。欧洲及西伯利亚地区以常绿针叶林为主，亚欧大陆东部则以兴安落叶松占多数。北美洲的寒温带针叶林主要分布在阿拉斯加和拉布拉多半岛的大部分，以及这两个半岛之间的广大地区。西部地区，特别是太平洋沿岸，针叶林种属丰富，与欧洲北部相似，有松、云杉、落

叶松等；东部地区与东亚相似，落叶松广泛分布。

从山麓到山顶

如果有人问：在盛夏，中国哪个省区最凉爽？而你回答：黑龙江省纬度最高，是中国夏季最凉爽的省。那就错了，西藏才是中国夏季最凉快的地方。西藏的绝大部分地区7月平均气温在16℃以下，其中很多地区在8℃以下，比黑龙江省7月的平均气温低得多。西藏的纬度相当于亚热带，那么为什么一个亚热带地区夏季竟如此凉爽呢？原来，西藏夏日低温的原因，不是由于纬度低，而是由于它的地势高——号称世界屋脊的青藏高原，平均海拔高度在4500米以上。

地球上的气温是随纬度而变化的，纬度愈高，气温愈低。同时大气的温度还随地势的高度而变化，地势愈高，气温愈低。科学研究证明：海拔高度每上升180米，气温下降约1℃。

地带性规律说明，纬度的高低对植被分布的影响很明显。地带性规律是植被分布的基本规律，而非地带性因素，如海洋湿气流的强弱对气候的影响则可以使植被形成森林、草原、荒漠的区别。地势高低也是影响植被分布的非地带性因素，那么地势高低怎样影响植被的分布呢？让我们先看看下面的例子。

乞力马扎罗山是非洲第一高峰，海拔高度约5895米。山上植被繁茂，远看一片浓绿，但如果仔细观察就会发现，山上的植被实际是呈带状分布的。从山麓到山顶的植被分布情况是有明显变化的。而这种变化恰与植被的地带性分布（即从赤道向极地的变化）大致相似。但二者也有区别：

（1）植被的地带性分布是水平方向的变化，高山植被的变化是垂直方向的变化，所以我们将高山植被分布的这个特点称为植被的垂直分布。

（2）植被随纬度的变化是缓慢的，从热带雨林到冰原，要经过数千千米；而植被的垂直变化却很快，从热带雨林到积雪冰川只经过从山麓到山顶的数千米距离。

（3）二者在具体植被类型的变化上并不完全相似。

我们把山地植被分布的这种示意图称为垂直带谱，它的最下层称为基带。不同地区的高山，它们的带谱很可能不同，有的复杂、有的简单。同一座山南坡与北坡的垂直带谱通常很不相同。在北半球，山南坡称为阳坡，北坡称为阴坡；南半球的情况正好相反。基带是垂直带谱的起始带，基带的植被类型就是这座山所在地的植被类型，例如乞力马扎罗山位于赤道附近，山下的植被当然是热带雨林了。从基带向山上走，植被随气温下降而发生变化：从亚热带森林，温带森林一直到5200米以上的积雪冰川等，形成六个层次。我国安徽省的黄山，它的地理位置在亚热带，基带就是亚热带常绿阔叶林，它的垂直带谱中就没有热带雨林。长白山位于我国东北吉林省，垂直带谱的基带是温带落叶阔叶林，在长白山的垂直带谱中当然不会出现热带与亚热带植被。高山植被的垂直带谱是在基带基础上发展的，而基带的植被类型是与山体所在地的典型植被相一致的。

再让我们看看天山的植被分布。天山位于我国新疆中部，它是东西走向的山脉，北面是准噶尔盆地，地势较低；南面是塔里木盆地，地势较高。新疆的气候是温带大陆性气候，干旱少雨，荒漠就分布在天山脚下。因南北两坡山麓的海拔高度不同，从南坡（阳坡）看天山比较低，而从北坡（阴坡）看天山比较高。两坡植被的垂直带谱大致相似（都包括荒漠—蒿类荒漠—山地草原—针叶林—高山草甸—积雪冰川），山下是荒漠，山上出现草地，草地之上出现森林。这种带谱是地带性分布规律所没有的，这说明山地的气温随地势升高而下降，山到一定高度，空气中的水汽就会凝结，形成降水，以致荒漠消失，以草原和森林代之。森林以上空气中水汽减少，降水也就少了，于是形成高山草甸。这种现象在荒漠地区的高山植被中经常见到。

但阴坡与阳坡的植被繁茂程度却有很大区别。阴坡植被要比阳坡茂盛，表现在阴坡森林面积远远大于阳坡；林地上下的草地面积也是阴坡大于阳坡。而荒漠面积相反，阳坡大于阴坡。这是因为这里的热量非常丰富，阴坡的热量也能满足植物生长的需要，而阳坡阳光更强，热量比阴坡更多，水汽在高温条件下不易凝结，所以阴坡降水多于阳坡。这也是高山植被分布的规律之一。当然在特殊条件下也有例外，例如喜马拉雅山的阳坡植被就远比阴坡繁茂，这个例外现象产生的原因在于山的特殊高大，山的阳坡下是热带季风气候区，高温而多雨；山的阴坡下是世界屋脊西藏高原，是寒冷而干旱的高寒气候区。

通过以上几个例子，我们可以概括成以下几点。

（1）山的高度：山必须有相当的高度，才能出现垂直分布现象，如果山体矮小，山上山下的气候区别不大，自然也不可能出现多种植被带。山地植被的垂直带谱最高层不一定都有积雪冰川带，例如我国南方的黄山、北方的大兴安岭，它们各有自己的植被垂直带谱，但都没有积雪冰川带，主要原因是这些山都不够高。冰雪带的下限称雪线，雪线的高度受山上气候的影响，也受山高的影响。

（2）山体所在纬度：如果山体位于低纬地区，且降雨较多，山上植被就会呈现复杂的垂直带谱。如果山体位于纬度较高的地方，山下本已寒冷，山上温度更低，植被当然稀少。垂直带谱的基带植被就是山体所在地区的典型植被，表现了在纬度因素影响下形成的地带性分布的特点。

（3）山的坡向：山的坡向明显地影响植被分布，坡向不同，植被得到的阳光热量也不同。阳坡热量多于阴坡，因而气温高，水蒸气不易凝结，降水少；阴坡处于背光的一面，气温较阳坡低，水蒸气较易凝结，因而水分条件比阳坡优越。因此，同一座山的阴坡和阳坡植被的垂直带谱往往不同，一般来说，阴坡植被比阳坡茂盛。

植物的种子

种子的大家庭可谓种类繁多，约有 20 万种。它们都是种子植物的小宝宝，而种子植物占世界植物的 2/3 还要多。

种子中的大王应属复椰子，这种形似椰子的种子可比椰子大得多，而且中央有道沟，像是把两个椰子重合在一起，所以叫它为复椰子。那还是1000多年前，在印度洋的马尔代夫岛上，岛民们在沙滩上看见了这种大个果子。

他们不知这是否是椰子，于是劈开它，吃果肉、喝汁液，发现和椰子差不多，便给它取名为宝贝。多年后人们才明白这是复椰子，是远渡重洋从塞舌尔海岛漂来的。复椰子重约20千克，里面的种子则有15千克之多，真是大个头了，于是许多国家的植物博物馆里都把它用作标本。

下面说说最小的种子，我们常说丢了西瓜捡了芝麻！芝麻的种子要25万粒才有1千克重，看来芝麻种子是够小的了。而烟草的种子要700万粒才达到1千克重，即7000粒才1克重。然而这还不是最小的种子，真正的小种子是斑叶兰的种子，200万粒才1克重，轻得如同灰尘。

种子的颜色也包含了世上所有的颜色，而其中约有一半是黑色和棕色。豆科中的红豆，是带有光泽的深红色，也叫相思豆。它寄托了远隔千山万水的恋人们的相思之情，并流传了许多数不尽的动人故事。

种子有圆有扁，也有的是长方形，有的竟是三角形或多角形。大多数的种子是比较光滑的，但也有的表面凹凸不平，还有的长着绒毛和翅膀，像个小昆虫。谁敢轻视这些小小的种子呢？有时只需一粒，就能发育成直入云霄的参天巨树呢！

人造种子

传统的农业技术是用天然种子播种而获得丰收及再获得种子以备来年之用，而人造种子的出现将改变这一传统的旧面貌，成为一项植物快速繁殖的新技术而被各国所重视。

人造种子的研制从理论性的提出到某些植物人工种子的成功研制经历了相当长的历史，首先是德国植物学家哈勃兰特根据细胞学说的理论，大胆预言植

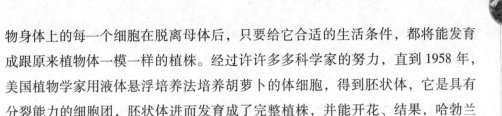

物身体上的每一个细胞在脱离母体后，只要给它合适的生活条件，都将能发育成跟原来植物体一模一样的植株。经过许许多多科学家的努力，直到1958年，美国植物学家用液体悬浮培养法培养胡萝卜的体细胞，得到胚状体，它是具有分裂能力的细胞团，胚状体进而发育成了完整植株，并能开花、结果，哈勃兰特的预言变成了现实。

1978年，有人提出人工种子的设想，立即得到许多国家的响应，现已有美、法、日等国均开展了此项研究，在欧洲的尤里卡高技术计划中，人工种子占有显著地位。我国在"七·五"期间已开展此项研究。

为什么世界上如此多的国家重视人工种子的研制呢？人工种子与天然种子有何异同？

从结构上分析，一颗天然种子主要由两部分组成：种皮与胚，而人工种子也具备这两部分。通过特定的方法培养植物体细胞得到的胚状体与通过天然的传粉、受精得到的种子的胚一样，在形态、生理、生化等方面的特性完全一致，发育的过程也一样。至于种皮，需要找到人工合成材料或天然材料来充当，它必须能够保护胚状体并且还不能妨碍胚状体的生存与发育。只要获得胚状体和人工种皮，那么就获得了人工种子。人工种子之所以受到如此的重视，是因为它具备独特的优点：通过特定方法可以产生很多胚状体，比如在1升的液体培养液中就可以得到10万个胚状体。这样人工种子就具备数量多、繁殖快的优势，特别是用于快速繁殖苗数及人工造林方面比用试管苗繁殖更能降低成本和节省劳力。另外，人造种子能保证优良品种永远是优良品种，而天然的优良品种通过天然的方法（传粉受精过程，这是人工不可控制的）得到的后代无法保证它还是优良品种，这就好比英雄的后代不一定还是英雄，而人工种子可以达到这一点；在人工种子里可以加入植物激素促进发育，还可加入有益的农药或微生物进行抗病、抗虫而获得比天然种子更优异的特性。这一切，对农业生产来说，无疑具有重要经济价值。因此，人工种子的研制受到各国关注。

现在人工种子的研制已取得很大进展。1983年11月，美国就研制成功了芹菜人工种子，只是不具有种皮，而约2年后，美国成功研制了带种皮的苜蓿、莴苣、胡萝卜、西红柿、花椰菜的人工种子。法国也宣告甜菜等人工种子的研

走进植物世界

植物揭秘

制成功。我国在胡萝卜、芹菜、黄连、橡胶、水稻等十几种植物中进行了研制并取得较大进展，其中胡萝卜、芹菜、黄连的人工种子在有菌的条件下可萌发并长成小植株。

人工种子的研制前景诱人，法国德马利尔教授乐观地预言：今后人工种子将投入商品化生产，过不了多久，人工种子将引起农业翻天覆地的变化。目前已有132种植物诱导出胚状体，它们分属于32个科、81个属。虽然人工种子正处于实验室研究阶段，但随着研究的进展，人工种子用于大田生产将不再遥遥无期。

种子具有寿命，但不同的种子，寿命长短差别很大。新中国建立之初，我国科学工作者在辽宁省普兰店泡子屯附近的泥炭层中，挖出了一些莲子。这一带多年以来就没有人种过荷花，怎么会挖出了莲子呢？经过鉴定，证明这些莲子在地层中已经沉睡大约1000多年了，竟是唐、宋时代的莲子。人们感兴趣的是，这些古莲子还能不能发芽。1951年，人们把古莲种子种了下去。1953年夏季，它们不但萌发了片片碧绿的嫩叶，居然还开出了粉红色的艳丽的荷花。日本的大贺博士在千叶县的低洼沼泽地下发现了沉睡了2000多年的莲子，播种后，也发芽开花结果了，莲子可谓是种子中的老寿星。然而在南美洲阿根廷的一个山洞里发现的3000多年前的一种苋菜种子仍保持着生命力，不得不更让人称奇。最让人觉得不可思议的是1967年加拿大报道的在北美洲北极育肯河冻土层的旅鼠洞中发现的20多粒北极丽扇豆种子，经^{14}C同位素测定，它的寿命至少已有1万年，播种后有6粒种子发芽长成了植株，这是目前所知寿命最长的种子。多年来，人们都认为世界上寿命最短的种子是沙漠中的梭梭种子，它的种皮极薄，极易发芽成苗，兰花种子的寿命只有几个小时，杨树和柳树的种子的寿命也只有10多天。

为什么种子的寿命有长有短？关键的问题在哪里？原来影响种子寿命的关键是要使种子的胚保持生命力。种子的萌发只要满足胚对水分、空气、适宜温度等条件的需要就能实现。经科学家研究，种子外表的蜡质和厚厚的角质层都能使种子具备不透性而难以萌发，而长寿种子更是具备不易透水、不易透气的坚硬、致密的种皮。据研究，豆科植物种子寿命较长的原因很可能就是具备不透性的原因。在豆科植物种子的种皮中，存在种皮栅栏细胞角质层，莲子外面的果皮是坚硬的硬壳，里面存在着一种叫马氏细胞明线的物质引起不透性，再加上致密的细胞壁，更不易透水、透气。种子的胚得不到充足的水分和氧气，生理活动微弱，就处于休眠状态而成为长寿种子，一旦种皮被破坏，胚得到萌发条件就会打破休眠状态而萌动。

有人认为影响种子寿命的最主要的因素有两个：一个是种子的含水量，另一个是种子的温度。含水量与温度降低会延长种子的寿命。人们在实践中也发现调节短命种子的贮藏温度和湿度，寿命会相对延长，例如只有几小时生命力的梭梭种子，若在适宜条件下能保持 1～2 年的发芽力，带翅种子贮存 7 个月后才失去生命力。

由此可见，所谓短命种子只是贮存条件的不适宜造成的，合适的贮存条件可延长种子的寿命，这在农业和林业生产上都具有重要意义。

种子的传播

植物为了传种接代，在数亿年漫长的生长过程中，各自练就了一套传播种子的过硬本领。植物的果实种子成熟后，有的自然落在母株周围萌芽生长；有些却远走高飞，做远程旅行，以扩大其种族领域。但它们既没有能够奔跑的腿脚，又无像鸟类飞行的翅膀，何以会做远程的旅行呢？我们说，生物总是按适者生存的自然法则来生存和发展的，它们具有适应远程旅行的不同形态和结构。

你可能认识指甲花（又称凤仙花）吧，它的花可染红指甲，其果实呈椭圆形，成熟后只要碰它一下，它就会怒不可遏：5 片果瓣即刻裂开，并急剧向内弯卷收缩，将种子向四面八方弹出，远达 1 米以上。因此，指甲花的种子有急性子（中药名）之称。

还有一种热带地区的沼泽草木樨，也是名副其实的炮兵植物，其果实成熟时骤然裂开，声响如炮，同时射出种子，有效射程达 15 米。有一种喷瓜，果形与黄瓜相似，因为它具有疯狂的袭击能力，所以又叫它疯黄瓜。其果实成熟时就变成黏性液体，给果皮以巨大的压力，一旦遇到外力碰撞或果熟脱落时，果

皮就突然开裂，黏液和种子一齐喷出，射程可达6米。

蒲公英、一品红等，它们的果实又轻又小，头顶长着许多毛，只要一阵轻风吹拂，就可腾空而起，展翅翱翔。而像柳树等植物，则借种子上许多细毛的浮力飘舞于空中，一到三、四月间春风送暖之际，大街小巷便到处纷纷扬扬，飘下许多的柳絮伞兵。还有松树、榆树、臭椿等的种子，它们则以特有的翅膀，乘风展翅高飞，远航至异乡落户。

伴鸟飞天的种子非常多，如稗草、榕树、桑寄生等。它们的种子都有很坚硬的种皮保护着，并分泌出许多黏液附着在种皮上，一旦飞鸟啄吃这些种子后，种子就滑进了鸟的腹肚中，就像乘坐民航飞机一样，旅行到很远很远的地方去。随着鸟粪的落地，它们的旅行才宣告结束。还有许多像莲等植物的种子，是靠随波逐流的方法传播种子、繁殖后代的。此外，还有许多植物的种子上面生有不少的钩、刺等，借此来搭乘在其他物体上进行传播。如苍耳把它种子上的钩刺钩挂在动物的毛皮或人的衣物上，借以远距离地散布种子。鬼针草的弟兄们则是以果顶上的倒生刺毛，倒挂在衣物上来传播的。所以，不管人或动物，只要从旁边掠过它们，它们就会用毛、刺、钩、针等特有的旅行搭乘器，钩刺在过路者的毛发或衣物上，免费旅行。

各种外形美丽，味道香甜的水果，如桃、梨、苹果、葡萄等，也有各种鸟兽自愿为它们担当传播种子的任务。这些水果虽然牺牲了甜美的果肉，却达到了传播种子的目的。人们的运输活动和吃果后丢弃果核到地里，也都帮助了种子的传播。

种子的力量

你知道种子的力量有多大吗？石块下面的小草，为了要生长，它不管上面的石头有多么重，也不管石块与石块中间的缝隙怎么窄，总要曲曲折折地、顽强不屈地挺出地面来。它的根往土里钻，它的芽向地面拱，这是一种巨大的力量。至于树种的力量就更大了，它能把阻止它生长的石头掀翻！一颗种子可以发出来的力，简直超越一切。你知道种子能剖开头盖骨吗？

人的头盖骨结合得非常致密，非常坚固。

生理学家和解剖学者，为了深入研究头盖骨的结构特征，曾经用尽了各种方法要把它完整地分开，但都没有成功。

后来有个人，受种子被压在石块下面而顽强钻出地面的启发：植物种子的力量既然这么大，可不可以用它来剖开头盖骨呢？他认为这是可能的，于是他就把一些植物的种子放在头盖骨里，配合了适当的温度和湿度，使种子发芽。发芽后的种子，就产生了足够的力量，它竟然钻到头盖骨几乎密不可分的缝隙里，使劲地往外钻，往外长。这样，一切机械力量所不能做到的将骨骼自然结合分开的事情，小小的种子却办到了。它不仅把人的头盖骨分开了，而且解剖得脉络清楚，从而解决了人们研究头盖骨的一大难题。

不同种类的树皮

树皮，像是树的"铠甲"，它保护着树干不受虫蛀和外伤。

各种树木的树皮恰似一套套古代武士们穿的铠甲。它们的颜色、厚度、花纹都各不相同。

从树皮的颜色上看：色彩暗淡的，有暗灰色的，如槐树；灰黑色的，如刺槐；色彩鲜明的，有亮白色的，如白桦；有翠绿色的，如梧桐；有红褐色的，如樱桃。最漂亮的要算是白皮松的树皮，颜色绿白相间，斑斓可爱。就是由于树皮的色彩新颖，再加上枝丫扭掞，奇姿天成，故白皮松又有蟠龙松、虎皮松等别名。

不同的树种树皮的厚薄也各有千秋。

树皮较薄的如悬铃木、冷杉；较厚的如麻栎、油松；最厚的当属栓皮栎，可达40厘米，它的树皮就是软木的原料。老树的树皮上开裂的花纹也是形形色色的：像樱花的树皮，作圆环状浅裂；柿树，作小方块开裂；松柏，作长条纵裂；鹅掌楸，作交叉状纵裂；雪松、枫香树皮的花纹则别开生面，像是一片片鳞甲覆盖在树上。

树皮的色泽、厚薄、开裂方式、裂纹的形状和深浅等特征，虽然在不同的树种间有很大差异，但它们的基本结构却是相同的。在植物学上木本植物的茎，从外到内的表皮、木栓层、皮层和韧皮部合称为树皮。剥掉树皮，就露出了茎内的木质部。因为韧皮部里面有筛管，筛管是树木运送有机养料的通路，所以新栽的小树，应该注意保护树皮不被损害。如果一棵幼树主干的树皮剥落了一圈，这样茎内输送有机养料的通路被切断，树冠叶子所制造的养料就不能通过筛管运送到根部，根部得不到养料就渐渐死去，最后导致全株树木枯死。

然而，也有相反的情况，比如枣树，为了使枣树多开花多结枣，人们往往在枣树开花时，在树皮上随意砍几刀，以使养分更集中用在开花结实上。

树皮除了对树本身有保护作用外，由于不同树种的树皮物理性质和细胞中所含的化学成分不同，又有种种不同的用途。栓皮栎树皮的细胞中充满了空气，细胞壁又包有不亲水的木栓质，使这种树皮既轻又有弹性，同时又有不传热、不导电、不透水、不透气、耐摩擦、耐腐蚀等性能，能制成软木塞、软木砖、软木板，在工业上用途很广。葡萄牙是世界著名的"软木王国"。每年夏季，是采剥栓皮最好的季节。人们用长斧迅速而准确地把栓皮割成一个个长方块，然后用斧柄把栓皮剥落下来。这时，树干会出现淡淡的血红色，这是暴露的组织因氧化而变色。软木细胞（木栓形成层细胞）向外恢复生长，红褐色就会逐渐加深，变成灰色。每隔十年可剥一次栓皮，每棵树寿命长达150年。

许多树皮是造纸的原料，例如构树和桑树皮是制造打蜡纸的原料；青檀是我国制造宣纸必不可少的原料；樟子松、云杉、化香树、柳树的树皮中含有鞣质，可提制栲胶；黄柏的树皮可以做染料，灌木桂皮的树皮可做香料；纯肉桂、杜仲的树皮可以提取橡胶；金鸡纳、厚朴的树皮都是名贵的药材。此外，很多种树皮的纤维还能打绳子，制人造棉。树皮的用途说来真是不胜枚举呢！

植物的根

不同植物的根，形态不一样。

不知你见过大豆、棉花、苜蓿的根没有？它们的中间有一条又粗大、又长直的根，称主根，很容易找到，在它上面又长出有许多权。主根是由种子萌发时，首先冲破种皮伸出来的白嫩的胚根发育成的，也就是说，现在菜市场上随处可见的黄豆芽、绿豆芽，把其埋在土壤中继续生长发育，就能形成黄豆或绿豆植株的主根，上面的权叫做侧根。

像这类能分出主次的根叫直系根。

但是玉米、小麦、水稻的根就很难分出主次根来，看起来像白胡子老头的胡须，粗细、长短相差不多，这样的根是怎么形成的呢？原来这类植物的种子萌发时，胚根很早就枯萎，只发育出大丛的须根，其实是从茎的基部产生出的不定根。这类根叫须根系。

还有一些植物的根，是变态根，跟上面的两类根完全不一样，功能也起了变化，例如各种萝卜，它们本身就是植物的主根，这种主根变得多肉、肥大，里面贮藏了大量的水分和营养。萝卜的营养非常丰富，被誉为"小人参"。

秋海棠的叶子插进土壤里就会长出根来。像这种从枝或叶上长出的根叫不定根。它不是从主根或侧根上生出的根。

常言说：独木不成林。独木真的不能成林吗？西双版纳森林里的大榕树，树冠非常庞大，枝干向下生出许多不定根垂到地面，入土后逐渐发育成枝干那样粗的支持根，支持着那庞大的树冠。其中有一棵大榕树的支持根形成的树林占地竟达 6 亩（1 亩 ≈667 平方米）。世界上最大的一株榕树产在孟加拉，其支持根支持的树干可覆盖 15 亩左右的土地。这是多么奇特的独木成林的自然景

观啊。

还有一种根和土壤中的微生物生活在一起，那是长根瘤的根和菌根。

有一种植物很特殊，它吸附在其他植物体上，吸收别的植物养料，像菟丝子，它没有叶，它的茎顶尖旋转缠绕到其他植物体上，它的茎上面长出一个小疖，刺到别的植物体的茎或叶中，掠夺别的植物的营养和水分，导致别的植物的死亡，真是软刀子杀人不见血。这个小疖称假根，是一种寄生根。力量纤纤弱弱的植物根，生长在坚实大地的怀抱之中，令人不可思议，柔软的根是怎样钻到土地里面去的呢？

原来根在自己的头上（根尖）戴了一顶帽子，当然是细胞做成的，叫根冠，帽子里面是有增生新细胞能力的总部，叫做分生组织，总部的细胞迅速分裂，细胞数目急剧增多。这样，根渐渐生长，不断在土壤内深入。在根的生长过程中，根冠始终作为根的开路先锋，保护着幼嫩的新生的细胞。由于在前进中，沙石土粒的碰撞，使根冠不断被磨损，不断地剥落，根冠一直分泌黏液，使土壤变得润滑，便于根的延伸。与此同时，分生组织又随时派遣一部分细胞制造出新的帽子——根冠，代替剥落、磨损了的根冠，严密地保护着分生总部，真可谓前仆后继，勇往直前。

这个推动根前进的动力区（分生组织）并不大，它始终是根冠后面的薄薄一层，总共才有 2 ~ 3 毫米。

根生长的第二个力量，是在根分生组织后面的延长部，又叫伸长区，这部位细胞最初呈球形，后来渐渐伸长成圆柱状。细胞共同伸长的力量很大，它们共同形成的撑力迅速增长了根的长度。

伸长区之后是根毛区，这部分细胞渐渐分化成不同形态和功能的细胞，然后各司其职，各行其是，这种变化也起到延长根的效果，成为推动根深入土壤的第三个力量。

根的分生组织、伸长区、根毛区的细胞分裂、细胞延长的力量便是不可阻挡的生命力量，就是这种力量使纤弱的根克服硬土的阻挡，而伸展于大地之中。

植物的嘴巴

植物也有嘴巴吗？当然，植物若没嘴巴，一颗小小的种子怎么能够长成参天大树呢？那为什么看不见呢？一个原因是植物的嘴巴非常秀气，比樱桃小口的一点点儿还要小上千百倍；另一个原因是植物的嘴巴是藏在地下的，自然就难以看到了。不信？你看：

1648 年，比利时科学家海尔蒙特把一棵 2.5 千克重的柳树苗栽种到一个木桶里，桶里盛有事先称过重量的土壤。在这以后，他只用纯净的雨水浇灌树苗，为了防止灰尘落入，他还专门制作了桶盖。5 年过去，柳树逐渐长大了。经过称重，他吃惊地发现，柳树的重量增加了 80 多千克，土壤也减少了不到 100 克。

那么减少的约 100 克土壤到哪里去了呢？显然是被植物体给吃掉用于自身的生长了。

生活在土壤中的是植物体的根，植物体是靠根来吃东西的，那么主要是靠根的哪部分来吃的呢？植物是靠根毛区的根毛来吃东西的。

根毛是根毛区的外层细胞即表皮细胞产生的一种特殊结构，是由幼根尖端的表皮细胞向外突起产生的。

根毛样子像什么呢？把它放在显微镜下看，就像从细胞外壁伸出来的外端封闭的瓶子。

根毛的长度由 0.15～10 毫米，直径为百分之几毫米。在形成根毛的吸收表皮上，布满一层胶黏的物质，能把根毛和土壤胶黏在一起，这是因为许多植物的根毛壁都含有一种胶质，所以若是把一株苗从土壤中拔出来，常常会看到被根毛紧紧缠绕住的土块。

那么，植物的根上有多少根毛呢？多极了，每平方毫米上都有数百条根毛，有的能达到 2000 多条。

每一条根毛就相当于一张嘴，这张嘴长得奇特，因而吃起东西来也特别。

一般来说，一株玉米从出苗到结果所消耗的水分，要在 200 千克以上；要

17

生产 1 吨小麦籽粒，植株需要 1000 多吨水，那么水是怎样进入到植株体内的呢？

植物体是靠根，准确地说是靠根毛，像吸管一样吮吸土壤里的水，但是这与婴儿吮吸母奶可不大一样，因为婴儿吮吸的力量来自婴儿本身，根毛吮吸的动力来自两方面：当根内细胞液的浓度与土壤里水的浓度有差值，而且是细胞液的浓度必须大于土壤溶液浓度时，根毛才能顺利地把水吸收到细胞内，进入植物体，否则将出现相反的情况。植物体在获得水分的同时，也获得了溶解在水中的无机盐和有机物，保证植物生命活动的需要。

看，奇特的嘴的吃法当然也是与众不同的，它是靠浓度差的力量或者说是根压的力量，把水吸入体内的。

茎的工作很繁忙

当我们在林中悠闲地散步或者风驰电掣般地穿行公路时，静静地矗立在旁边的树体内也在忙碌地进行着各种活动：从根部吸收的水分及无机盐要运送到叶部；叶部光合作用产生的有机物也要运送到根部和其他部位。那么连接根与叶的是茎，物质在茎内是如何运输的呢？

我们把一条带叶的杨树枝枝放在水里切断，然后迅速地移到滴有几滴红墨水的水里，在阳光照射下几个小时之后，再把枝条横向切断，这时观察一下断面，我们会看到断面上有殷红的斑点，再把枝条纵向剖开，会看到茎的剖面上有一条红色细纹。

这红色的细纹是植物体内水分的运输路径，这条路由根部开始，经过茎，再一直通过叶脉到达叶子各部分。在叶子里就是看得见的纵横交错的叶脉。

如果我们很细心的话，注意一下周围的树木，会惊奇地发现，有的树木的枝条由于树皮被破坏了一圈，在失去树皮的上方形成瘤状物，枝条的下部时间一久便枯死了。

原来在植物的茎内有两条路径：一条在韧皮部，是由一串串筛管上下连接而成的，它的运输方向是由上往下，即把叶子制造的营养物质运输到根部或其他部位；另一条路线在木质部，它是由叫做导管的细胞上下连接而成，它的运输路线是由下往上运输，也就是说，把根部吸收的水分和无机盐运送到叶部等。

组成导管的导管细胞由于细胞核、细胞质和横壁都消失了，上下彼此连接形成中空的长管，水分在里面可以畅流无阻，加上叶部蒸腾拉力作用和水分子之间的吸引力，水和无机盐可以源源不断地向上运输到植物体的各个部分，可真是与俗语"水往低处流"成了反照。水在导管中的输导速度是很快的，速度最快的为每小时 45 米，最慢的每小时也有 5 米，一棵草 5 ~ 20 分钟就能把水输导到顶端，高达几十米甚至上百米的树木，茎的输水能力就更大了。有人统计过，落叶树 1 平方厘米的木质横切面上，1 小时可通过的水量为 20 立方厘米。

运输有机物的筛管横壁仍然存在，但横壁上出现很多的孔，通过孔上下筛管连通形成有很多关口的路径，运输速度也是很快的，每小时 0.7 ~ 1.1 米。叶制造的有机物 30 ~ 60 分钟就可运送到根部。

所以植物体内的两条路径是很繁忙的，运输量也是很巨大的。

植物腰身粗细的秘密

放眼我们周围的世界，看看挺拔而直指天穹的秀丽白杨，婀娜多姿的垂柳，迎着微风频频低头的小草，让人有一种直抒胸臆的温柔感。大树之所以挺拔，小草之所以迎风不倒，是因为它们都有坚强的脊梁——茎。植物的茎大都生长在地面上，负载着繁茂的枝叶、花、果实，还要抵挡风雨侵袭。因此，植物的茎具有强大的支持、抗倒的能力，其外形，大多数呈圆柱形。但有些植物的茎却呈三角形，如莎草；方柱形，如蚕豆、薄荷；扁平柱形，如昙花、仙人掌。所以植物的茎貌看似单一，实际上也是变化多端的。

生长在地中海西西里岛埃特纳山边的一棵大栗树，恐怕是世界上最粗的树。

它树干的周长竟有 55 米左右，要 30 多个人手拉手才能围住，树下部有大洞可供采栗人住宿或当仓库，传说它以能容纳百骑而得名。美国加利福尼亚有一棵被叫做"世界爷"的巨杉，茎干粗大，若从树下开一个洞，可以让汽车或 4 个骑马的人通过，它的树桩，甚至可以当作舞台用。然而，我们常见的路边的小草，却是高不盈尺，茎细得只有几毫米。

那么，茎的粗细是由什么来决定的呢？

当春天来临，万物复苏，杨柳返青之时，你不妨截取一段粗细合适的杨树或柳树的茎，会很轻易地剥下树皮，你会发现剥下的树皮的内面是一薄层白色的柔韧的东西，这部分叫做树木的韧皮部。剥下树皮剩下的部分，坚硬呈白色叫木质部，占茎的大部分。你这时用手指摸摸韧皮部的内面或木质部的外面，你会发现，手指有一种湿滑的感觉，这是形成层，夹在韧皮部与木质部之间。形成层才是茎粗细的决定者，因为这一层的细胞具有特别旺盛的分裂能力，少部分向外分裂的细胞形成新的韧皮部，主要是向内分裂的细胞形成新的木质部，新形成的韧皮部细胞，加在原有的韧皮部里面，新形成的木质部细胞加在原先形成的木质部外面。从茎的横切面上看，形成层就好像是一个大皮圈，木质部面积不断加大，皮圈也不断扩大外移，这样树木的茎也就随着加粗了。所以茎的粗细是由神奇的形成层决定的。那么草本植物的茎却如此之细，原因又何在呢？

原来草本植物的茎中没有像树木那样的绕茎一圈的形成层，它们茎内的形成层是一束一束的，像星星一样分散在茎当中。如果你看过玉米的茎的横切面，会看到在茎中分散着一个一个的小黄点，那便是形成层所在部位，这样的茎的加粗能力就很有限了。此外，草本植物生活周期很短，大多数在一个生长季节内就结束寿命，往往在它的茎还没有来得及加粗时，生命就结束了，所以它们的茎都很细。

一叶一天堂

　　一位著名的生物学家曾说过：您给一个最好的厨师足够的新鲜空气、足够的太阳光和足够的水，请他用这些东西为您制造糖、淀粉和粮食，他一定认为您是在和他开玩笑。因为，这显然是空想家的念头，但是在植物的绿叶中却能够做到。

　　叶子是怎样施展它那惊人的技艺的呢？原来，秘密发生在一个奇特的厂房里。这个厂房中有把太阳能转移到粮食、棉花、木材中的神奇的力量。

　　这个神奇的厂房便是绿叶的叶肉细胞中的叶绿体，一个叶肉细胞中有许多叶绿体，相当于许多厂房。叶绿体中含一种绿色的物质，是一种复杂的有机酸，叫叶绿素。植物就是利用叶绿素进行光合作用制造养料。叶绿体悬浮于叶肉细胞的细胞质中，不停地进行着生产，即光合作用。这个过程可以用一个简单的公式来表示：

$$CO_2 + 2H_2O \xrightarrow[\text{叶绿素}]{\text{光能}} (CH_2O) + H_2O + O_2 \uparrow$$

　　公式左边是工厂的原料，公式右边是工厂的产品。公式正中是光合作用发生的条件，上面的光能是工厂的能源，下面的叶绿素是工厂的机器。

　　水来源于土壤，由根部吸收，经过茎中的导管到达叶脉中的导管进入叶肉细胞。

　　二氧化碳由叶吸收，在叶的表面有许多气孔，气孔是叶肉细胞与大气进行气体交换的门户，二氧化碳由气孔进入植物的叶并渗入叶肉细胞。

　　有了原料，机器叶绿素在能源光的启动下，就可以进行生产了，叶绿素的复

杂结构和卓绝的技能超越了世界上任何先进机械。

这个工厂最初的产品是葡萄糖，它经过进一步转化变成淀粉，淀粉可以再转变成蛋白质和脂肪等。

自然界中的这一座座数也数不尽的微型绿色工厂，它的产品不仅养活了自己，也养活了世间的一切生物。而它的神奇之力直到今天，对于自然界中拥有最高智慧的人类来说还是一个谜、一个神话，人类渴望在叶绿体之外用自己建造的工厂合成出粮食来，当然也是用水、二氧化碳及光和叶绿素等。

这个美好的梦想绝不是空想，它会在人类孜孜不倦的探索中一步一步地实现。

自然界中庞大的生产者——绿叶

有人计算过，一个人活 60 岁，大约要吃进 1 万千克糖类、1600 千克蛋白质、100 千克脂肪，这些食物从何而来呢？食物直接和间接来自绿色植物的光合作用。全球绿色植物进行光合作用，一年能制造的有机物达 4000 多亿吨，除了供给人类食用外，还能供给一些工厂做原料。绿叶在制造有机物的同时，把光能转化成化学能贮藏在有机物里，全球绿叶每年的光合作用贮藏的能量相当于 24 万个三门峡水电站每年发出的电量，为人类在工农业、日常生活所需能量的 100 倍。目前最好的光电池的转换效率也只有 15%～16%，而绿色植物的光合作用的转换效率一般达 35%～75%，可见绿色植物充分利用太阳能甚至比原子核能效率还要高。绿色植物光合作用也是氧气的生产者。经过计算，1 天中人要呼吸近 2 万次才能正常生活，1 个人 1 昼夜要吸入体内的氧气，其体积相当于 20 厘米高的篮球场那么大。全世界约有 50 多亿人口，再加上其他生物呼吸需要的氧气，数量是相当可观的。另外，人在吸进氧气的同时还要向外呼出二氧化碳，1 个人 1 年能呼出约 300 千克的二氧化碳，全世界 50 多亿人要呼出亿吨以上的二氧化碳，再加上煤、石油的燃烧，以及细菌、真菌在自然界的作用下放出的二氧化碳，足够地球上绿色植物的光合作用的需要。据统计，每年地球上的绿色植物放出的氧气达 1000 多亿吨（如果自然界中绿色森林有计划地采伐和栽种，自然界氧气能够达到平衡），大气中的氧气量不过 200 多亿吨，按现有绿色植物光合作用的速度，提供的氧气是够

人们利用的。

　　绿色植物的光合作用促进了大气中二氧化碳和氧气的循环，只有这样一切生物才能够生存。如果每人每天吸进 0.75 千克的氧气，呼出 0.9 千克的二氧化碳，有人计算过，城市居民每人只需 10 平方米的绿地（草坪、树木和花卉）面积，就可以消耗每人呼出的二氧化碳，并可从绿叶中得到每天每人所需的氧气。

迷人的叶

　　千姿百态的植物给人类带来了许多美好感受，而植物枝条上的片片或是柔绿或是浓翠或是嫣红的叶儿，也给人们带来了美的享受。

　　首先来说一说叶子的形状：松针尖利细长，像是万根绿针簇于枝条；枫叶五角分明，像天上的星星聚于树端；圆圆的落叶像一只只硕大的玉盘；田旋花似十八般兵器中的长戟；剑麻叶像一把把脱鞘而出的利剑；芭蕉叶像片片巨形青瓦，迎着雨声噼啪作响；灯心草叶像是一把缝鞋底用的锥子；银杏叶像是一把驱除炎热的折扇。智利森林里生长着一种大根乃拉草，它的一片叶子，能把 3 个并排骑马的人连人带马都遮盖住，像这样大的叶子，有两片就可以盖一个五六人住的临时帐篷。叶子的形态说也说不完，而每片叶子都勾起人们无尽的遐想。

　　叶子生长的位置也非常有特色：有的是单片生长于茎上，有的则是成双结对，有的数片有规律地交错生长，有的紧贴在地面上。叶子相互错开的角度非常准确，有 120°、137°、138°、144°、180°，从上往下看，可以看到片片叶子互相镶嵌又丝毫没有遮盖。叶子之所以如此巧妙地安排，一方面可使植物受力均衡，再者则是为了最大限度地感受阳光雨露，由此看来叶子还有对称之美。

　　夏天绿叶焕发出勃勃生机，秋天则是黄叶扑簌，那是另一种美。叶的世界真是美丽得很。

奇妙的叶

　　世界上的植物成千上万，也有各种形状的植物叶。而这些形状不一的植物叶

子也就有了许多奇妙之处。

先说说思茅草，它的叶缘上有许多锋利的细齿，这是自卫用的，经受过它的自卫抵抗而被划破了手的鲁班，就因此受到启发而造出了世界上第一把锯子。

生长在海边的椰树有十分宽大的叶子，为何在强大的风雨之中却安然无恙呢？原来它的叶子表面有一道道凸起或凹下的波纹，正是这些波纹使叶子能够承受较大的压力。这就好像是一张平纸不能承受住什么，但是把它折成折扇状，它就能承受重物的压力。

车前草十分常见，谁知在它的叶子中也存在着令人吃惊的秘密：它的叶子按螺旋状排列，而两片叶子的夹角竟都是137°30′，结果使所有的叶子都能照射到阳光。于是人们受到启发而建造了螺旋形的高楼，使得阳光能照进每一个房间。

玉米叶呈圆筒状，这也有什么意义吗？原来，它使叶子更牢固，而不易被破坏。人们仿造它的形状建造起跨越海峡或大河的桥梁，竟坚实牢固得很。

由此可见，植物的叶子构造是十分巧妙的，这其中的意义也非常深远。

秋风扫落叶的秘密

一夜秋风，遍地黄叶，人便会平添几分惆怅。可你想过吗，为什么植物会落叶？谁是这幅萧条的秋景图的设计师呢？

早春，伴随着声声春雷，万物吐翠，嫩绿的枝芽慢慢展开了它的笑脸。如果说此刻的叶子尚处于旺盛生长的青年期的话，那仲夏的树叶便已到了壮年期，它们旺盛地进行各种代谢活动，为植物体维持生命和生长提供必要的能量。但万物有生必有死，叶子经过了它的青壮年以后，便开始步入暗淡的老年，开始衰老死亡了。

在20世纪40年代，科学家们就认为叶子的衰老是由性生殖耗尽植物营养引起的。不少实验都指出，把植物的花和果实去掉，就可以延迟或阻止叶子的衰老，并认为这是由于减少了营养物质的竞争。如果有兴趣的话，你不妨做这样一个实验，在大豆开花的季节，每天都把生长的花芽去掉，你会发现，与不去花芽的植株相比，去掉花芽的大豆的衰老明显地延迟了。

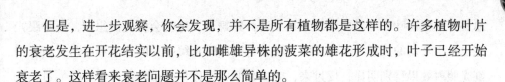

但是，进一步观察，你会发现，并不是所有植物都是这样的。许多植物叶片的衰老发生在开花结实以前，比如雌雄异株的菠菜的雄花形成时，叶子已经开始衰老了。这样看来衰老问题并不是那么简单的。

随着研究工作的逐步深入，人们现在知道，在叶片衰老过程中，蛋白质含量显著下降，遗传物质含量也有所下降，叶片的光合作用能力降低。在电子显微镜下可以看到，叶片衰老时，叶绿体遭到破坏。这些变化过程就是衰老的基础，叶片衰老的最终结果就是落叶。

从形态解剖学角度研究，人们发现，落叶跟紧靠叶柄基部的特殊结构——离层有关。在显微镜下可以观察到离层的薄壁细胞比周围的细胞要小，在叶片衰老过程中，离层及其临近细胞中的果酸酶和纤维素酶活性增加，结果使整个细胞溶解，形成了一个自然的断裂面。但叶柄中的维管束细胞不溶解，因此衰老死亡的叶子还附着在枝条上。不过这些维管束非常纤细，秋风一吹，它们便抵挡不住，断了筋骨，整个叶片便摇摇晃晃地坠向地面，了却了叶落归根的宿愿。

说到这里，你也许要问，为什么落叶多发生在秋天而不是春天或夏天呢？是啊，为什么没有春风扫落叶呢？是因为秋风带来的寒意吗？

因为我们生活在温带地区，四季变化明显，光照长短、水分、温度等差异很大，所以我们只看到秋风扫落叶，实际上在热带干旱季节，也会出现春季落叶的现象，只是没有温带地区落叶现象明显罢了。

落叶是植物正常的生理过程，是发生在植物体内的很复杂的过程之一。

有许多文人墨客扼腕痛惜飘零的落叶而挥墨洒文，可是你可曾想到过：落叶恰恰是树木的自我保护策略——牺牲小我，而保全主体。

天冷了，人们要生上火炉，穿上棉衣，可是树木呢，唯有脱尽全身的树叶，以减少通过叶子而散失的大量水分，才能安全过冬。要不然天寒地冻，狂风呼号，树根吸水已很困难，而树叶的蒸腾作用却照常进行，你想想看，等待树木的除了死亡，还会有什么呢？

同样道理，干旱季节中的热带树木的落叶也是自我保护的措施。

然而水分是影响落叶的唯一原因吗？

你注意一下，秋天，马路边的路灯旁的树木，在其他同伴已落尽的时候，却

总还有一些树叶在寒风中艰难地挺立着，飘舞着。这就会使我们想到，落叶跟光照也有很密切的关系。实验证明，增加光照可以延缓叶片的衰老和脱落，而且用红光照射效果特别明显；反过来，减少光照则可以促使植物落叶。夏季一过，秋天来临，日照逐渐缩短，似乎在提醒植株——冬天来临了。

那么是谁控制着叶子的脱落呢？经科学家艰苦地努力，终于找到了一种化学物质叫脱落酸，发现它与落叶很有关系，可以促使植物的叶脱落，同时也发现其他激素例如赤霉素和细胞分裂素起相反作用，能延缓叶的衰老和脱落。所以到目前为止，虽然植物落叶的机理还没有完全弄清楚，但是可以肯定，落叶尤其是温带地区的树木的落叶，是树木减少蒸腾，保全生命，准备安全过冬的一种本领。

一花一世界

最杰出的艺术家当属大自然，这个艺术家在我们周围创造出数不尽的奇花异葩。梅花像星，葵花像盘，报春花像小钟，牵牛花像支喇叭，珙桐花似一只只迎风翩翩起舞的白鸽，台湾的蝴蝶兰，雪白中有绊红，好似群蝶翩跹。

再看看我们生活的周围：迎着春风，路旁的桃花悄悄盛开，粉红一片，雪白一堆；星星点点的小紫花在草丛中露出了头，二月兰、白兰也展开花瓣，悄悄向路人致意，似乎在告诉人们：春天到了！春天到了！气温刚略有回升，夏至草便

伸着懒腰，周身带着一圈一圈小花环使劲睁开了眼，好奇地打量着周围：此时月季、樱桃花竞相开放，石榴花吐着火红的蕊，挂满了枝头。你再抬眼一看：啊！漫山遍野、大街小巷鲜花盛开，叫得出名的、叫不出名的开遍了满世界，仿佛使人置身在花的海洋

中。春夏不乏花的陪伴，而秋天菊花怒放，冬天腊梅花开，一年四季时时有花，时时把这世界装扮得五彩缤纷，绚烂美丽。

花的构造有花被、花萼、花托、雄蕊、雌蕊 5 部分，花的不同形状就是由这几部分的多少、大小、形状变化而决定的。

花的颜色

万紫千红是诗人对花朵的赞美。

的确，红色的、紫色的、蓝色的、白色的、黄色的花，五彩缤纷，惹人喜爱。那么美丽的颜色是怎样产生的呢？

原来在花瓣细胞里存在各种色素，主要为三大类：一类是类胡萝卜素，包括红、橙及黄色素在内的许多色素；第二类叫类黄酮素，是使花瓣呈浅黄色至深黄色的色素；第三类叫花青素，花的橙色、粉红、红色、紫色、蓝色都是由花青素呈现的。

通过对被子植物花色的调查，人们发现花瓣呈白色和黄色的最多。那么白色的花是怎么回事呢？花呈现白色，是因为花瓣细胞里不含什么色素，而且充满了小气泡。你如果不信，用手捏一捏白色的花瓣，把里面的小气泡挤掉，它就成为无色透明的了。有些植物开黄花，那是因为花瓣细胞的叶绿体里，含有大量的叶黄素。

有一种奇怪的黑蔷薇花瓣呈黑色，但提取不出黑色素，原来是花青素和花青苷的红色、蓝色及紫色混在一起，颜色加深时形成的一种近似黑色的色泽。植物形成色素必须消耗原料和能量，解剖可看到色素仅分布于花瓣的上表皮中，花瓣内部是无色的，这说明植物以消耗最少的能量和材料达到了最佳的效果。

植物表现出美丽的色彩，除植物体内部具备产生色彩的内部条件外，环境条件如温度、光照、水分、细胞内的酸碱条件等都影响色素的表现。

就温度而言，不同植物的花朵，所适应的温度范围不同。喜温植物开花，在温度偏高时期，花朵色彩艳丽。如生性喜欢高温的荷花，炎热季节开放，花朵鲜艳夺目。绝大部分樟和一些喜低温植物，在花期内遇偏高气温，花的颜色常常不

太鲜艳。如春季开花的金鱼草、三色堇、月季等，当花期遇到30℃以上高温时，不仅花量少且色彩暗淡。如果植物在开花时气温过低，不仅花色不鲜，且会间有杂色。

多数植物喜欢在阳光下开放，缺少阳光，不仅花色差甚至连开花也困难。大多数花随着开放时间的变化，花色有所改变，一般黄色的花在花谢时变为黄白色。随着接受日光照射时间的长短，花的颜色深浅也可引起变化。留心观察一下棉花的花，刚开放的花是乳黄色的，后来变成了红色，最后变成了紫色，因此在一棵棉株上，常常同时开放着几种不同颜色的花，这便是由于阳光照射和气温的变化，影响到花瓣细胞内的酸碱性发生变化，最终引起色素颜色的改变。

因此花的酸碱度改变，也导致花色的改变。你认得牵牛花吧，它的花朵像喇叭，颜色挺多，有红的、紫的、蓝的、粉白的。如果你把一朵红色的牵牛花，泡在肥皂水里，这朵红花顿时会变成蓝花，再把这朵蓝花泡到稀盐酸的溶液里，它又变成了红花了！

水分也影响花色。花朵中含适量的水，才能显示出美丽的色彩。而且维持得也较为长久。缺水时，花色常变深，如蔷薇科的花朵缺水时，淡红色花瓣会变成深红色。

袭人花香

许多花朵，不但有美丽的花冠，而且有芬芳的气味，这是因为花瓣的一些细胞中含有挥发性叫芳香油的油脂。

芳香油的合成常发生在花朵内特殊的腺体细胞——上皮细胞内。据观察，胡椒、薄荷的叶片表面腺毛分泌挥发油的过程中，首先在细胞质中形成小的油泡，然后油泡的内容物通过细胞壁释放到细胞壁与它上方起保护作用的角质层之间，逐渐在角质层下方积累，最后角质层破裂，芳香油就释放出来。

不同植物，芳香油的分泌方式也不同。

不管什么植物，所分泌的芳香油都带有气味。有的植物是随花朵的开放而逐渐形成与挥发，因而芳香的气味初开放时最浓，开放后不久，芳香渐散，维持时间较短，常见的茉莉、梅花、兰花、玫瑰、腊梅等便是这样。而有的植物则是未开时或已开时均有浓浓的香气，花香维持时间较长，直到花瓣凋萎香气才尽，这是因为这类植物的芳香油以游离状态存在于花瓣中，所以得以逐渐散发香味，这类花常见的如白兰花、珠兰花、代代花等。但是这两类花一般都是花初放时芳香油含量最高，此时是观赏和采摘的理想时间。雨天开放的雨水花，香味最差。

花香味的浓淡也受很多环境因素的影响，多数香花植物，开花时遇气温较高，日照充足，花朵芳香也较浓郁。如茉莉花以 7 ~ 8 月开放的花香味最浓，而春花的香味最差。

香花植物花期内，当遇光照不足或阴雨天气，花瓣组织内含水偏多，芳香油的积累量相对减少，花香就比较淡薄。如玫瑰花中的雨水花，质量就较差。一些对肥料要求较高的香花植物，当土壤肥力充足时，芳香浓郁持久，如腊梅或茉莉。

花卉散发出的浓郁香气，通过人的嗅觉可起到调节人的中枢神经系统的作用，从而改善人脑功能。因此，当人嗅到花香时，会产生一种心旷神怡的感觉。

此外，花卉的香气可杀菌，还可净化美化环境。如天竺花的花香具有镇静、消除疲劳和安眠的功效；菊花的香气中因含有龙脑等芳香物质，有祛风、清热、清肝明目之作用；桂花的香气不仅具有解郁、避秽的功效，且对一些狂躁型精神患者有一定的安定功效。研究还表明，花卉的香气通过人的嗅觉被上呼吸道黏膜吸收后，能增强免疫功能，提高机体的抵抗力。

花开有时

各种花开放的时间不相同。18 世纪，著名的植物学家林奈，对花开的时间做了多年的观察，后来在自己的花园里培植了一座有趣的花钟，即将开放时间不同的各种花有次序地种植在园子里，只要一看现在开的什么花，就知道大约几点钟了。

蛇床花：黎明 3 点钟左右开放

牵牛花：黎明 4 点钟左右开放

野蔷薇：黎明 5 点钟左右开放

龙葵花：清晨 6 点钟左右开放

芍药花：清晨 7 点钟左右开放

半友莲：上午 10 点钟左右开放

鹅鸟菜：中午 12 点钟左右开放

万寿菊：下午 3 点钟左右开放

紫茉莉：下午 5 点钟左右开放

烟草花：下午 6 点钟左右开放

丝瓜花：晚上 7 点钟左右开放

昙花：晚上 9 点钟左右开放

花开有时，这个有趣的自然现象，人们很早就知道了。很多植物的开花都有明显的季节性，例如紫罗兰、油菜花春天开，菊花秋天开。是什么因素支配着植物的开花时间呢？1920 年，加纳尔和阿拉尔特发现植物的开花主要是受光周期的控制。光周期是指一天中昼夜的相对长度。加纳尔和阿拉尔特在实验地里试种一种叫马里兰马默思的烟草新品种，这种烟草在田间栽培时不能开花结籽，若在冬季来临前将植株从田间移到温室，或冬天在温室中成长的植株都可以开花结籽。他们因此就考虑这种烟草的开花是否与冬季有某种关系。这时加纳尔又想到了比洛克西大豆播种期的试验，从春到夏，每隔 10 天播种一次，最后差不多都在晚秋同一时期开花。这些研究结果最后使他们联想到随季节变换而发生的昼夜相对长度的变化对开花的影响。他们用一小型的暗箱把植物搬进搬出，来缩短日照时间，结果发现人为缩短夏季的日照长度，烟草在夏季也可以开花；而在冬季温室中如用电灯人为延长光照时间，则烟草不开花。通过多方面的实验，他们证明了植物的开花与昼夜的相对长度（即光周期）有关。植物对昼夜相对长度的反应叫作光周期现象。

光周期现象的发现，使人们认识到了光作为信号的作用。人们现已知道光周期不仅与植物开花有关，而且对茎的伸长、块茎与块根的形成、芽的休眠、叶子的脱落，甚至对一些动物行为例如鸟类迁徙、鱼的洄游、昆虫的变异等都有影响。

从发现光周期与植物开花的关系以后，人们发现不同种类植物的开花对日长有不同的反应，它们对日长的要求有最低的或最高的极限。例如有的植物开花，要求日照长度必须在某一极限之上，短于这个极限，植物就不能开花，这种植为长日植物；短日植物则是要求日照长度必须在某一极限之下，长于这个极限，植物也不能开花。这最低的或最高的极限是诱导植物开花所需的极限日照长度，称为临界日长。例如长日植物菠菜的临界日长为 13 小时，它至少得到 13 小时的光照才能开花，短于 13 小时就不能开花，长于 13 小时促进开花，也就是说菠菜开花有一最低极限（即 13 小时）；相反，短日植物北京大豆，它的临界日长为 15 小时，它开花需要的日长不能超过 15 小时，即 15 小时是短日植物北京大豆开花的最高极限。但也有的植物对日长要求不那样绝对，它们在不适宜的日长条件下（即长日植物在短日下；短日植物在长日下），最终也能开花，在适宜日长条件下促进开花。

植物开花对光周期的要求与它原产地生长季节的光周期有密切的关系，某一地区的光周期是与纬度以及季度有关的。在北半球不同纬度地区，一年中昼最长夜最短的一天为夏至，而且纬度愈高，昼愈长夜愈短。相反，冬至是北半球一年中昼最短夜最长的一天，纬度愈高，昼愈短夜愈长。春分秋分的昼夜长短相等，各为 12 小时。在各种气象因素中，昼夜长度的变化是季节变换最可靠的信号，植物在长期适应的过程中，可对昼夜长度产生反应，以致在一年特定时期开花，也可在一天中特定时间开花。

接受光能信息作用的部位，经研究证实是叶子，叶子就好比雷达天线，接收到光周期的信号后形成开花刺激物传导到茎端形成花的部位。关于开花刺激物到底是什么，科学家正在进一步探索。

千变万化的果实

在开花植物中，能形成真正果实的植物是很多的。不过，由于各种植物果实本身结构特点的不同，果实的类型又是多种多样。

有些植物果实的中果皮肉质化，而内果皮变成分离的浆质细胞，人们称这类果实为浆果，如葡萄、番茄、柿子等；而香气诱人的柑橘，被剥下的是外果皮和中果皮结合在一起的产物，果实中间分隔成瓣的为内果皮，这类果实叫做柑果；大家熟悉的向日葵、荞麦等，它们的果皮干燥瘦小，有时还很坚硬，只有剥开它们的果皮，才能取得真正的种子，这一类果实叫瘦果；有些果实长有翅膀，可乘风远行，被称为翅果，如松树的种子；像栗子、榛子等植物的果实，外壳非常坚硬，里面只有一枚种子，因它非常坚硬，故而称为坚果；有的果实成熟后，果皮会自动裂开，如大豆等，被称作荚果。此外，还有一些特殊的果实，如人们食用的肉质肥大的草莓果，真正食用的部分，是由花托变化而来的。草莓果上有无数芝麻粒状的颗粒，这才是草莓真正的果实，这种果实叫聚合果。

大家熟悉的白果，是从银杏树上采下来的，刚采下时，圆鼓鼓的，有一层厚厚的肉。人们食用时，就把它外面的一层肉去掉，只剩下一个带硬壳的白果。你别看它有肉有壳，而实际上却是一个典型的冒牌果实。如果你仔细地观察一下白果的生长过程，就会发现，银杏树上看不到像样的花，更无法找到小瓶子状的子房，看到的只是一颗颗裸露在外面的胚珠，它可以不断地长大，最后形成白果。可见，白果不是果实，而是种子。其他像松、柏、杉等树木，它们也只能结种子，而没有真正的果实。人们称这一类植物为裸子植物。

一般来说，有果实便一定会有种子。但也有特殊例外的情况，如香蕉，就是没有种子的。怎么会产生无籽的果实呢？原来香蕉开花后，没有经过受精，子房虽然发育长大了，但子房里的胚珠由于未受精而不能发育成种子。这种现象叫做无籽结实或单性结实。

了解植物习性

植物世界在这个蔚蓝色的星球可以说是人类诞生、生长的摇篮。它们孕育了漫长的古代文明，又哺育了人类的成长壮大，将来仍是人类幸福的床榻。

植物也需要"呼吸"

人不停地进行呼吸，植物也同样日夜不停地进行呼吸。只因为白天有阳光，光合作用很强烈，光合作用所需要的二氧化碳，远远超过了植物呼吸作用所能产生的二氧化碳。

因此，白天植物好像只进行光合作用，吸进二氧化碳，吐出氧气。到了晚上，阳光没有了，光合作用也就停止了，这时植物就只进行呼吸作用，吸进氧气，吐出二氧化碳。然而，植物从哪儿吸气，又从哪儿吐出气呢？

植物与人可不一样，它全身都是鼻孔，它的每一个活着的细胞都进行呼吸：气体通过植物体上的一些小孔与薄膜而进进出出，吸进氧气，吐出二氧化碳。

植物的呼吸作用，要消耗身体里的一些有机物。但是要知道，它消耗有机物不是没有意义的。植物的呼吸作用消耗有机物，实际上就是用吸进去的氧气使有机物分解，有机物分解以后，把能量释放出来，作为生长、吸收等生理活动不可缺少的动力。当然也有一部分能量，转变成热散失掉了。

植物的这种呼吸作用叫做光呼吸，和光合作用有密切的关系，光呼吸要消耗掉光合作用所产生的一部分有机物。有些植物的光呼吸较强，消耗的有机物就多些；有些植物的光呼吸较弱，消耗的有机物就少些，这对植物的产量有直接的关系，所以大家相当重视对植物光呼吸生理功能的研究。

植物也有"感觉"

随着科技的进步，越来越多的发现证明植物也是一种极其复杂的活机体。它们也可能得感冒、消化不良、皮肤病、传染病甚至癌症。

植物还具有嗅觉。在传粉期间，为了吸引昆虫前来传粉，有的植物会散发出一种尸臭味，诱使苍蝇、甲虫等前来产卵，借机传粉，可在平时，植物则根本没有这种气味。这种模仿能力也证明了植物存在嗅觉。

植物具有感觉。尽管工作原理不同，但是植物的感觉还是很敏锐的，有的植物为了避免长时间光照造成的伤害，能使自己休克，好像疲倦地睡着了。同动物一样，植物也是自然发展的产物，尽管存在的形式不同，毕竟来自同一祖先——活细胞，因此植物具有疼痛感。当折断植物的枝、叶时，测定的电位差出现电压跃变，就好像受难哑巴的哀哭。当用镇静剂处理伤口时，植物居然神奇地安静下来。

植物运动也千姿百态，像合欢树叶的开合、含羞草叶的闭合，还有舞草的舞动，都给人美妙的感觉。

另外，几乎所有的植物都可对磁场的微妙变化做出反应，有一种植物的叶子可指向四个标准方向。

同是生物，我们没有什么理由去虐待美好的植物。

全息现象

全息是 1948 年物理学家戈柏和罗杰斯在发明了光学全息技术后所提出的一个概念。

植物的全息现象，在大自然中，已从形态、生物化学和遗传学等多方面找到了论证的实例。如植物体上的每片叶子往往是整个植株的缩影。叶片顶端对应着植株上部，而叶柄一端对应着植株的基部。

让我们看看棕榈树的叶子，有着长长的叶柄和蒲扇般的叶面，把它竖起来一看多么像一棵整株的棕榈树形！又如，菱叶海桐叶是聚生在枝顶端的，它的叶子也是上大下小，呈倒卵形；甘青虎耳草全株下部叶多且大，叶为卵形。再如，悬铃木叶片一般深裂为 3，而它的分枝也是 3 个主要分叉。

叶脉分布形式与植株分枝形式也与全息相关。如芦苇、小麦等平行叶脉的植物，它们都是从茎的基部或下部分枝，主茎基本无分枝；相反，叶脉为网状脉的植物，它们的分枝也多呈网状。

在植物的生化组成上，也有明显的全息现象。例如高粱一片叶子的氰酸分布形式与整个植株的分布形式相同。在整个植株上，上部的叶含氰酸较多，下部的叶含氰酸较少；在一片叶上，也是上部含量较多，下部含量较少。人们把这种叶的形状反映了植株体的全部的现象叫作叶的全息律。

更有趣的是，同一株植物在不同的生长发育时期，它的叶片形状，也正好反映出各个生长发育时期的植株的外形。

如青菜，从苗期到抽薹、开花、结实期，它的植株外形有明显的变化，从莲座形变成宝塔形，而青菜相应时期的叶片，也逐渐由倒卵形变为心脏形。柳树也是如此。第一年割去枝条，次年在基底新生枝上的叶是狭倒披针形的，因这时叶是在全株的上部，而成年的柳树，叶则为披针形。

不仅如此，当许多植物工作者把植物的器官组织进行离体培养时，也发现了植物的全息现象。比如将百合的鳞片消毒后进行离体培养，鳞片基部较易诱导产生小鳞茎，即使把鳞片从上到下切成几段，同样发现小鳞茎都是在每个切段基部首先产生，且每段鳞片上诱导产生小鳞茎的数量，也呈现由下至上递增的规律，这种诱导产生小鳞茎的特性与整株生芽的特性相一致，呈全息对应的关系。

在植物组织培养过程中，以大蒜的蒜瓣及甜叶菊、花叶芋和彩叶草等多种植物叶片为材料，进行同样的试验，都能观察到这种全息现象。

植物全息的规律应用于农作物的生产实践已产生了令人吃惊的效果。如栽种马铃薯时，传统的习惯是将块茎上的芽眼挖下作"种子"。人们根据植物全息原理推测：马铃薯在全株的下部结块茎，对于全息对应的块茎来说，它的下部（远基端）芽眼结块茎的特性也一定较强。为了验证这一点，他们选择几个不同品种的马铃薯，分别取远基端芽眼切块与近基端芽眼切块进行栽种对比实验，果然不出所料，前种处理（远基端）均获得增产。

其实，人们在长期生产实践中所采取的一些措施也是符合植物全息律的，只不过未意识到罢了。如农民留玉米种时，总习惯把玉米棒中间或偏下的籽粒留下作种，而这种方法是符合生物全息律的。

因为玉米棒是在植株的中部（或偏下）着生的，而作为植株对应全息的玉米棒，其中间（或偏下）着生的籽粒，在遗传势上也一定较强。

植物"发烧"了

　　植物和人一样，热量是通过呼吸作用释放出来的。科学家们对此做了大量观测，例如一种叫斑叶阿若母的天南星科植物，当它们即将开花传粉时，会在一片喇叭形的佛焰苞里直挺挺地伸出一根尖细的散发着臭气的佛焰花序。

　　花序基部是分层着生的雌花和雄花，包在佛焰苞里，花序上部没有花，但呼吸作用却异常强烈。组织中每小时的耗氧量竟高达它自身体积的 100 倍，几乎和一只飞翔着的蜂鸟的耗氧量相当。这种呼吸与通常的呼吸作用不同的是，释放出的能量绝大部分转化成热能，所以是一种产热呼吸。

　　产热呼吸足以使佛焰花序的温度升高 20℃，而这比环境温度整整高出 15℃，如果用手触摸花苞，你会感到非常温暖。天南星科的海芋开花时，也具有这种产热呼吸。这类植物在开花期间，为什么要以如此高的速率来消耗掉自身的能源物质？科学家对此研究后认为，佛焰花序的发热是一种有益于其传粉的功能——"热"花可以引诱昆虫来传粉。

　　因为这类植物的传粉主要依靠一些对热相当敏感的逐臭食腐蝇类。开花时发热有利于花序中的胺、吲哚和 3－甲基吲哚等带有臭味的化学物质四处挥发。热敏的食腐蝇类便会寻热逐臭而来，爬进花苞内，把雄花的花粉传给雌花，促进植物的繁衍。

　　另外，在寒冷的条件下，这种产热呼吸可不必借助昆虫而完成授粉。在美国东部，气温通常在 0℃ 以下，有一种叫做臭菘的天南星科植物，它的佛焰花序在繁殖期间所散发的热量可比环境高出 20℃。这些热量不仅使花保持温暖，而且还能融化花周围的积雪。

　　更使人惊异的是，臭菘佛焰苞内外温度的差异形成一种空气的"涡流"，佛焰苞内成熟的花粉随着热空气的"涡流",像受到一种引力,被从花序上部成熟的花吸到下部来传粉。也就是说,随着空气的运动,臭菘可不必求助昆虫来传粉,在冰冻三尺的酷寒条件下,凭借这种热气体传粉的方式,可顺利完成传粉。

绿叶变红

人们平时总是说绿叶红花,仿佛叶子总是绿色的。确实,在大自然中,树叶和其他植物的叶子在绝大多数时间里几乎都是绿色的。可也有些树种,在秋天时它的树叶颜色会起变化。有名的北京一景——香山红叶,那漫山遍野的红叶,真使游人陶醉而流连忘返。江南一带的枫树,到了秋天,也是一派红枫如火的景象。唐代大诗人杜牧的名句"霜叶红于二月花"便是对秋天枫叶的赞美。

那么,叶子的红色是怎么染上去的呢?原来叶子的颜色是由它所含的色素决定的。一般的叶子含有大量的绿色色素,我们叫它叶绿素。另外还有黄色或橙色的胡萝卜色素,也还有红色的花青素等。

叶子的叶绿素和胡萝卜素是进行光合作用的色素。它们在阳光作用下,吸收二氧化碳和水,吐出氧气,产生淀粉,所以叶绿素是十分活跃的家伙,但它也很容易被破坏。夏天的叶子能保持绿色,是因为不断地有新的叶绿素来代替那些褪色的老叶绿素。到了秋天,天气逐渐转冷,大多数叶绿素的产生就会受到影响。叶绿素遭破坏的速度超过了它生成的速度,于是树叶的绿色逐渐褪掉,变成了黄色。那黄色就是因为胡萝卜素还留在叶子里。

有些树种的树叶会产生大量的红色花青素,叶子就开始变红了。叶子产生花青素的能力和它周围环境的变化有很大关系。如冷空气一来,气温突然下降,

植物中的花青素就容易形成。因此秋天有些树上的树叶就会变红。

秋天的红叶使景色增添了色彩，变得更加美丽、迷人。可是至今为止，人们对于花青素究竟是怎样的物质，它在植物叶子中起什么作用还不清楚。这将有待于科学家们进一步研究。

植物的"代谢"

人生存所需的能量、营养是通过"代谢"获取的，一旦某种"代谢途径"出了问题，健康就会受到影响。

同样，由"代谢产物"决定的蔬菜、水果的营养、色泽、口感、抗病性等不同品质也是这样。同样是西红柿，有的皮厚耐贮藏，有的皮薄易烂；有的偏酸富含维生素C，有的偏甜口感好。到底是哪些"代谢物"引起了这些差异？谁是真正的控制因子？如何才能获得理想的品质？中外科学家的一项最新研究，首次揭开了植物代谢的奥秘。

中国农业科学院留荷学者、荷兰格罗宁根大学生物信息中心傅静远博士和荷兰瓦赫宁根大学的 J. J. B. Keurenties 以及 C. H. R. devos 博士联手，创造性地将遗传基因组学的新理论，运用到代谢组学上。他们揭示出 75% 的代谢产物的差异性是遗传因素引起的，而不同生态型间的"代谢物"组成的巨大差别，表明了代谢物对提高植物的环境适应性有着重要作用，也决定了作物的营养、抗性和其他重要品质。

这一最新研究成果发表在世界顶尖科学杂志《自然遗传学》上。

研究人员选用了被称作植物界的"小白鼠"拟南芥做模型。傅静远博士说，对拟南芥的研究，可推广到粮食以及花卉、蔬菜等作物。研究发现，类黄素代谢的新基因只存在于生态型"Ler"中。

研究人员在对拟南芥 14 种生态型和 160 个 "Ler" 和 "Cvi" 生态型杂交形成的杂交重合体，进行了非特异性代谢产物分析后，共分离出 2500 种代谢化合物。其中，只有 13.4% 的代谢物存在所有 14 种生态型中，而 706 种代谢物是各生态型特有的，有 853 种代谢物只在杂交重合体中产生。

研究证实，在单一植物不同生态型中存在着显著的代谢差异，而杂交过程可以导致代谢物组成和数量上的变化。这一发现，对传统育种代谢工程的改造和生物技术的发展有着重大意义。

用这种方法，研究人员全面掌握了代谢调控的主要基因位点，通过这些位点的筛选、变异，可大大提高育种效率。对全面、整体研究代谢途径提供了可能，并有助于发现新的代谢物和代谢途径。

傅静远博士说，此前，一直是对代谢途径作 "窗口式" 的研究。如今，用遗传学、生物信息学的方法，却打开了 "一扇门"。

由此，寻找出水稻、小麦、玉米等粮食作物及各种蔬菜、花卉的同位基因，从而提高育种效率并且加快农业生物技术的进程。

植物传播种子

春天，当你乘上飞机，向地面看时，你会发现，在你眼下的山川，好似穿上了一件绿色的罩袍。山，披上了绿色森林的外衣；平原，覆盖着绿色的草地；甚至热带小岛和海岸，也有一排排威武的椰子、槟榔在为它们站岗放哨。天涯海角，无处不有绿色植物的踪影。

你也许会问：植物，一生都只固定生长在一个地点，是谁把它们的代表送到地球的各个角落去的呢？是人吗？不错，这里面有人的功劳。你看，原产南美洲的玉蜀黍，今天不是已经在地球上的另一面——我国，安家落户了吗？起

源于南方沼泽地的水稻，今天也已出现在万里之外的北方水田中。人的栽培活动，把栽培植物从它们的起源地，远远地带到了四面八方。可是地球上还有几十万种野生植物，又是谁来帮助它们迁徙的呢？

植物主要是靠传播它们的繁殖体——种子和果实来扩大它们的分布区域。能把自己的种子和果实传播得愈远，这种植物的后代就能占据愈大的领土，这一个物种也就能在地球上更好地繁衍生息，欣欣向荣。所以，各种植物在它们的进化历程中，都练就了一身传播种子和果实的好本领。除此之外，它们也都各自找上了一位配合默契的好帮手，共同来完成形形色色的传播活动。

你一定熟悉田野里的蒲公英吧，它的果实很小，但在头上却顶着一簇比果实本身还要大的绒毛，微风吹来，那簇绒毛就像打开的降落伞似的，带着果实，乘风飞扬，远离母株，飞到很远的地方，降落下来，在另一个地方，开始繁殖新的一代。我国南方有一种大树，它的果实像一把把又阔又长的大刀，高高地悬挂在树梢上。成熟时，果实开裂，无数种子飞散出来，好像一群粉蝶在空中翩翩起舞。要是你能抓到一枚，你将看到这是一种多么奇妙的种子呀！托在手掌里，一点也感觉不到它的分量，可它却有一块手表那么大呢。种子本身很小，但它三面都连着一层像竹衣似的半透明薄膜，外形活像一只平展双翅的蝴蝶。这种种子可做中药，人们形象地称它们为木蝴蝶，而植物本身也就获得了这一美名。

蒲公英、木蝴蝶它们有着共同的帮手——风，来协助它们传播种子和果实。凡是靠风力来传播的种子或果实，都会长出像蒲公英的绒毛或木蝴蝶的薄膜这一类的翅膀。翅膀能使种子和果实的比重减轻、浮力增大，一旦风起，它们就随风飘去，越飞越高，越飞越远。杨树、柳树、榆树和枫杨等，都属于这类靠风传播繁殖体的植物。

生长在水中或水边的植物，很自然地，它们要靠水的帮助来传播繁殖体。

椰子可算是植物界最出色的水上旅行家了。椰子的果实有排球那么大，果实的外面有层革质外皮，它既不易透水，又能长期浸在又咸又涩的海水里而不被腐蚀；果实的中层是一层厚厚的纤维层，它们质地很轻，充满空气，有了这一厚层纤维，就使整个椰子像穿上了一件救生衣那样漂浮在水面；内层才是坚硬如骨质的椰壳，保护着未出世的下一代。

当椰子成熟时，就会从树上掉落下来，如果掉入海中，海潮就能把椰子带到几百里，甚至千里之外，然后再把它冲上海岸，若是环境适宜，那么一株幼小的椰子树就会在那儿开始它的独立生活。南太平洋有许多珊瑚岛，岛上最初出现的树种往往就是椰子树。

夏天，我们都曾见过荷花池里的莲蓬吧？它们像一只只翡翠做的小碗，挺立在池中，别看它比你的拳头还大，但是如果用手去捏它一下，它也能被你一手握在掌心，原来莲蓬的质地就像海绵那样疏松，里面贮满了空气，就在这疏松的组织间，嵌埋着几十颗莲子。

秋后，莲蓬就会像一艘海绵船，载着它的乘客——莲子，在水面漂浮远去。现在我们知道了，靠水传播的种子、果实，它们外面总是包裹着一层又厚又轻，充满着空气的保护层，使它能够浮在水面，随波遨游。

更多的植物，却是依靠人或动物来传播种子或果实的。不管我们愿不愿意，总是经常地在帮助植物旅行。

有的种子或果实非常细小，当你无意踩上它们时，它们就黏着或嵌在你的鞋缝里，你走多远，它也跟多远，当你略一顿足，那么它们就和尘土一起，掉到了新的领地上。另一些植物，果实和种子上长着各种各样的刺或钩，一旦动物或人和它接触，那些带钩、长刺的小家伙，就能牢牢地挂住动物的皮毛或人的衣物，散播到远处。这类带钩、带刺的种子或果实，最常见的有牛膝子、苍

耳子、窃衣、鬼针草等。

鸟类也是替植物传播繁殖体的好帮手。当鸟类在森林中觅食时，晶莹欲滴的小浆果，引诱着成群的鸟儿，性急的鸟往往是连肉带籽一口就把浆果吞入肚中，不久种子再随着鸟粪被排泄出来。你一定会担心那些周游过小鸟肠胃的种子，也许不能发芽了吧？不，你不用担心，有人观察过，曾经通过鸟类消化道的种子，发芽力不仅没有丧失，而且还有所提高。这也许是鸟儿肠胃里的消化液在起作用吧！

当然，植物界里还有许多不求人的种类，像凤仙花、豌豆等，它们不靠风、不靠水，也不靠动物，而是靠自身的弹力将种子从果实中弹射出来。

在这些不求人的种类中，喷瓜要算是最有趣的了。喷瓜的瓜很像橄榄，但比橄榄要略大一点，它的种子不像我们常见的瓜那样埋在柔软的瓜瓤中，而是浸泡在黏稠的浆液里。这种浆液把瓜皮胀得鼓鼓地，绷得紧紧的，强力地压迫着瓜皮；当瓜成熟时，稍有风吹草动，瓜柄就会自然地与小瓜脱开。瓜上出现了一个小孔，就像揭去了盖子的汽水瓶那样，紧张的瓜皮，把浆液连同种子，从小孔里喷射出来，一直喷到几米远的地方去。像这样传播种子的植物是很多的。

植物的"自卫"本领

植物没有神经系统，也没有意识，如果受到其他外来物的侵扰，怎么能进行自卫呢？科学家们发现了一些耐人寻味的现象。

1981年美国东北部的1000万亩橡树受到午毒蛾的大肆掠夺，叶子被咬食一空。可是奇怪的是，第二年，橡树又恢复了勃勃生机，长满了浓密的叶子，而午毒蛾却不见了踪影。森林科学家十分惊奇：没有对橡树施用灭虫剂和采取任何补救措施，极难防治的午毒蛾是如何消失的呢？科学家们采摘了橡树叶进行化学分析发现，叶中的鞣酸成分已明显增多，而这种鞣酸物质如被午毒蛾咬食之后，能与其体内的蛋白质相结合，使得害虫很难进行消化，于是午毒蛾变得行动迟缓，渐渐死去或被鸟类啄吃。这个事件说明橡树也有自卫能力。

在美国的阿拉斯加原始森林中，野兔曾泛滥成灾，它们过多地食用植物根系，啃吃草木，大量地破坏了森林植被。正当人们费尽心思、束手无策之时，他们惊喜地发现，许多野兔因生病拉肚子而大量死亡。

这又是怎么一回事呢？科学家们经过研究发现，森林中曾被野兔咬得不成样子的草木，在长出的新芽、叶子中竟不约而同地产生了一种化学物质——萜烯。野兔在咬食新芽和新叶之后生病、死亡，数量急剧减少，从而保护了森林。这是不是也在证明植物的自卫能力呢？

英国植物学家对白桦树进行观察，竟发现，白桦树在被害虫咬食后，树叶中的酚含量会大增，而昆虫是不爱吃这种含酚高而营养低的叶子的。不仅白桦树如此，枫树、柳树也有如此本领。不过在害虫离去之后，树叶中的酚含量又会减少而恢复到原来的水平。这是否又证明了植物的自卫能力呢？

美国科学家还发现，柳树、槭树在受到害虫的危害后，还能产生一种挥发性物质通报敌情，使其他树木也产生抵抗物质。植物的自卫还有绝招，那就是产生类似于激素的物质，使害虫在吞吃后丧失繁殖能力。

由此可以看出，植物似乎确有自卫能力，看来人类的确要爱护植物。

植物也需要"睡眠"

人和动物要睡觉，植物也要睡觉。

如果你不信的话，不妨到公园里去观察一番。高大的合欢树上有许多羽状的叶子，它们一见到金灿灿的阳光，就舒展开来了；待到夜幕降临时，又成对地折合，闷头睡起了大觉。有时候，人们在野外可以看到一种开紫色小花的红三叶草，白天有阳光时，它每个叶柄上的三片小叶儿都舒展在空中；一到傍晚，那三片小叶就闭合起来，垂下头准备美美地睡一觉。许多植物如酢浆草、花生、烟草和豆类植物的叶子，都会昼夜开合，这就是植物的睡眠运动。

不仅植物的叶子要睡觉，那娇美的花儿也要睡觉。我国宋代诗人苏轼观察了各种名花后，写下了美丽的诗句：只恐夜深花睡去，高烧银烛照红妆。

你知道睡莲名字的来历吗？原来，每当旭日东升的时候，睡莲那美丽的花瓣会慢慢舒展开来，用笑脸迎接新的一天；而当夕阳西下时，它便收拢花瓣，进入甜蜜的梦乡，因而人们便称它睡莲。

观察一下花儿睡觉的姿势是十分有趣的。你看吧，蒲公英的花，花瓣向上竖起，闭合时犹如一把黄色的鸡毛帚；胡萝卜的花，一到夜里便垂下头来，活像正在打瞌睡的小老头。

花儿的睡觉时间有早有晚，长短不一。晴天，蒲公英上午7点钟开花，下午5点钟才闭合。山地生长的柳叶蒲公英是蒲公英的小兄弟，不过它比较贪睡，上午8点钟开花，下午3点钟就闭合睡觉了。半支莲更是个贪睡的家伙，上午10点钟刚刚醒来，绽开五颜六色的花，一过中午就闭合起来睡大觉了。

落花生的花可有点与众不同，它的睡眠时间有长有短，是随着昼夜长短不同而变化的。7月，它早晨6点钟就醒来开花了，要到下午6点钟才闭合睡觉；到了9月，上午10点钟它才开花，一到下午4点钟就闭合睡觉了。

早春时节开花的番红花，就更有趣了。一天之中，它时而张开，时而闭合，时而又张开，真是醒了睡，睡了醒，醒醒睡睡，要反复好多次。

也有的花是在白天睡觉，夜晚开放的。例如紫茉莉下午5点钟左右开花，到第二天拂晓时闭合睡觉。月光花在夜晚8点钟左右开花，到次日清晨才闭合睡觉，不愧为月光下含笑开放的花。

为什么植物要睡觉呢？这是由周围环境引起的植物保护自己的一种运动。三叶草等植物的叶子在夜间闭合，就可以减少热的散失和水分的蒸发，因而具有保温和保湿的作用。夜间的气温比白天低得多，睡莲的花在晚上闭合，可以防止娇嫩的花蕊被冻坏。有些花昼闭夜开，那是因为夜行性的小蛾子能在夜间帮助它们传送花粉。

至于番红花时开时闭，那是由于它对气温的变化十分敏感的缘故。气温上升时，花瓣内层的生长比外层快，花便绽开了；一旦气温下降，外层的生长就会比内层快，于是花便闭合起来。

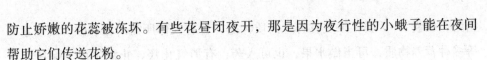

植物中的"歌唱家"

人类的歌声优美动听，虽有语言的间隔，但悦耳的旋律让彼此拉近距离；鸟儿也会唱歌，随山涧泉水滴答作响，可是植物也会唱歌吗？

年过七旬的蒙古族退休干部遇到了一件稀奇事：家中养的一盆金橘树，每天半夜会发出一种像唱歌一样的声音，这让他十分震惊，植物也会唱歌吗？他百思不得其解。

老人刚把金橘树抱回家的那会儿，这盆小金橘树也没什么特别，树上结的金橘并不多，除个别显黄色外，大多还是青绿色的。后来结了好多小金橘，大大小小有百八十个，并且许多开始变黄。小孩禁不住嘴馋，摘来吃，但一品尝，味道麻酸麻酸的，并不可口。于是全家人只好望橘兴叹了。

可是不久，老人竟惊奇地发现，小金橘树不知从哪里发出阵阵莫名其妙的声音。细细一听，一会儿像河边的青蛙在叫，一会儿像田野的蛐蛐在叫，一会儿听不出到底是什么声音。此后，老人一直打听还有没有人发现过金橘树会发出声音的怪事。

难道，这株小小的金橘树真的会唱歌？

金橘是柳州融安传统特产水果，有着"长寿果"的美称。金橘果实椭圆形或卵状椭圆形，单果重15.7克，皮橙黄色或金黄色，光滑且有光泽，油泡小而

了解植物习性

植物揭秘

密生，瓤囊 3～7 瓣，果皮甘香，肉质味甜，含有人体所需的糖、酸、维生素 C 等多种营养物质，可当做水果，也可入药，有消气化痰、止渴生津、除臭消炎之功效。宋代文学家欧阳修赞之为珍果。

金橘树会唱歌的消息引起了人们的关注。这一奇怪现象还有待林业、花卉专家进行研究做出科学解释。

植物之间的"对话"

动物之间的联络现象十分常见，而植物没有嘴巴、没有手脚，它们之间也会联络吗？

科学家们曾做过这样的实验：将盆栽的 45 棵白杨苗木放到两个大型玻璃箱中，并把其中一个玻璃箱内的两棵的叶子弄碎 7%，52 小时后，取玻璃箱中未弄伤的苗木叶子分析，发现叶子中的石碳酸化合物含量增加了 57.6%，而放在另外的玻璃箱中的苗木却没有任何变化。用枫树苗做同样的实验，结果相同。

大家知道，白杨和枫树当受到害虫危害后，树木中的化学成分会发生变化，分泌较多的石碳酸化合物。石碳酸是有强烈气味的有毒物质，可阻止害虫的进一步危害。由此可见，植物之间也会通风报信。

这种现象在植物界并不鲜见。柳树叶如遭受毛虫的危害，受害树叶中会分泌出一种生物碱，使毛虫的食欲大为降低，生长速度也放慢了。与此同时，尚未遭受虫害的邻区树叶，也发生了同样的变化。

植物之间的联络不仅表现为同伙之间"友好"地通信联络，而且也表现为不同植物种类之间的"争夺地盘"。

俄罗斯的一些地区，生长着欧洲云杉和西伯利亚云杉。长期以来，"好战"的欧洲云杉，不断地把西伯利亚云杉挤逼向北方，以扩展自己的地盘。这一过程是通过分泌化学物质而实现的。

日本的一些城市郊区，入秋以后许多猪草生长地，常被绵状毛叶属的 4 种杂草驱赶。这是由于绵状毛叶属杂草能分泌出一种黄色油状物，这种分泌物能阻碍猪草的生长。

由此可见，尽管我们的肉眼无法看出植物之间的联络过程，但是植物间却悄悄地通过各种分泌物保持着联系。

可是，植物之间为什么会联络？其中的成因机制是怎样的？这些问题还需要进一步研究方能确定。

植物的"血型"

植物是不是也有自己的血型？一个日本科学家作了肯定的回答。他研究了 500 多种被子植物和裸子植物的种子和果实，发现其中 60 种有 O 型血型，24 种有 B 型血型，另一些植物有 AB 型血型，但他就是没有找到能够断定是 A 型的植物。

后来，人们研究证实，植物体内确实存在一类带糖基的蛋白质或多糖链，或称凝集素。有的植物的糖基恰好同人体内的血型糖基相似。如果以人体抗血清进行鉴定血型的反应，植物体内的糖基也会跟人体抗血清发生反应，从而显示出植物体糖基相似于人的血型。比如辛夷和山茶是 O 型，珊瑚树是 B 型，单叶枫是 AB 型，但是 A 型的植物仍然没有找到。

为了搞清楚血型物质在植物体内的基本作用，科学家对植物界作了深入研究后，得出这样的结论：如果植物糖基合成达到一定的长度，在它的尖端就会形成血型物质，然后合成就停止了。血型物质的黏性大，似乎还担负着保护植物体的任务。

但是，植物界为什么会存在血型物质？为什么又找不到 A 型的植物？这至今还是一个谜。

植物也会选择自己的"媒人"

昆虫对植物花朵的颜色是有选择的。比如蜜蜂就不太喜欢黄色，而喜欢红色和蓝色。更有趣的是，有些植物的花朵还选择昆虫，例如金鱼草，它的花朵平时闭合着，等到它所喜欢的一种小蜂飞来时，花儿立即开放了。别的昆虫来叩门，它理也不理。还有待宵草，它的花儿到夜间才张开笑脸，这时候，有一种白天躲在阴暗地方的小蛾，就会飞来帮它传授花粉。夜间开放的花朵，大多是白色或黄色的，否则在黑夜中就不容易被昆虫发现。

在植物中，有许多花是由特定的虫类做媒人的。它们在长期的生活中，与某一种昆虫形成特定的关系。如果没有这种昆虫，那些花就不能结果；如果失去了那些花，这一种昆虫也就难以生存。

比如从英国移植到新西兰的红三叶草，虽然能存活下来并且能开花，但是那里没有替它传送花粉的丸花蜂，所以不能结果。后来人们把丸花蜂也运到了新西兰，红三叶草才有了种子。

又如丝兰，给它传送花粉的是一种蛾，叫丝兰蛾，如果没有这种丝兰蛾，丝兰的花就不能结籽，而这种蛾除了生活在丝兰里，别的地方都不适合它生存，所以丝兰一枯萎，丝兰蛾也就死亡了。

南美洲有一种叫罗里杜拉的捕蝇树，专由蜘蛛给它传送花粉。这种树的枝叶能发出强烈的香味，叶子能分泌出胶质的液体，蝇子嗅到树的香味后，纷纷从四面八方飞来，一来就被粘在了叶子上。不过罗里杜拉自己并不吃蝇子，它是捕来给蜘蛛吃的，作为蜘蛛给它传送花粉的报酬。

也有些花对小虫一点也不客气，简直是强迫小虫为它们传送花粉。例如萝摩类的花，昆虫一飞到花上就会陷入花冠深处，等它拼命挣扎出来的时候，它的脚上已经沾满了花粉。

马兜铃类的花更厉害了，它们的花像个小瓶子，雌蕊和雄蕊都生长在瓶子底部，雌蕊比雄蕊成熟得早。瓶子里有蜜汁，瓶口生满了毛，昆虫在瓶口嗅到了又香又甜的蜜，就会渐渐地从瓶口爬进瓶子里，但是进去以后再出来就不那么容易了，因为瓶口的毛都是尖儿向下的。

这时候，贪吃的小虫着急了，便在瓶内乱撞乱蹦，这么一来便把别处带来的花粉粘到了雌蕊上，雌蕊受精以后，花还不把小昆虫放走，一直要等两三天以后，雄蕊成熟了，粘了小虫一身的花粉，这才把瓶口打开，让昆虫逃出去。这些昆虫一会儿就将这段关禁闭的经历忘记了，又钻进另一朵花里去吃蜜，结果又被关住了，在被囚禁的情况下继续完成它的使命。

马兜铃类的花经过长期的自然选择形成了雌蕊早熟、雄蕊晚熟的特性，使得昆虫在传粉过程中既带来了异花的花粉，又带走了晚熟的雄蕊的花粉，这种异花传粉，使它产生的后代获得更大的生命力和变异力，造化之巧妙，不能不令我们惊叹！

生物延续发展的本能确实是天地间的一种伟大的力量。有一些植物的雄蕊和雌蕊长在一朵花上，雄蕊上的花粉很容易落在雌蕊的柱头上，这叫自花传粉。由于这种植物的雄性细胞和雌性细胞的遗传性是一样的，所以生成的后代适应环境的能力不强，生命力较弱。

了解植物习性

植物揭秘

植物中的代数

　　人类很早就从植物中看到了数学特征：花瓣对称地排列在花托边缘，整个花朵几乎完美无缺地呈现出辐射对称形状，叶子沿着植物茎相互叠起，有些植物的种子是圆的，有些是刺状，有些则是轻巧的伞状……这一切向我们展示了许多美丽的数学模式。

　　创立坐标法的著名数学家笛卡儿，根据他所研究的一簇花瓣和叶形曲线特征，列出了 $x^3+y^3-3axy=0$ 的方程式，这就是现代数学中有名的"笛卡儿叶线"（或者叫"叶形线"），数学家还为它取了一个诗意的名字——茉莉花瓣曲线。

　　后来，科学家又发现，植物的花瓣、萼片、果实的数目以及其他方面的特征，都非常吻合于一个奇特的数列——著名的斐波那契数列：1，2，3，5，8，13，21，34，55，89…其中，从 3 开始，每一个数字都是前二项之和。

　　向日葵种子的排列方式，就是一种典型的数学模式。仔细观察向日葵花盘，你会发现两组螺旋线，一组顺时针方向盘绕，另一组则逆时针方向盘绕，并且彼此相嵌。

　　虽然不同的向日葵品种中，种子顺、逆时针方向和螺旋线的数量有所不同，但往往不会超出 34 和 55，55 和 89 或者 89 和 144 这三组数字，而每组数字都是斐波那契数列中相邻的两个数。前一个数字是顺时针盘绕的线数，后一个数字是逆时针盘绕的线数。

　　雏菊的花盘也有类似的数学模式，只不过数字略小一些。菠萝果实上的菱形鳞片，一行行排列起来，8 行向左倾斜，13 行向右倾斜。挪威云杉的球果在一个方向上有 3 行鳞片，在另一个方向上有 5 行鳞片。常见的落叶松是一种针叶树，其松果上的鳞片在两个方向上各排成 5 行和 8 行，美国松的松果鳞片则在两个方向上各排成 3 行和 5 行……

如果是遗传决定了花朵的花瓣数和松果的鳞片数，那么为什么斐波那契数列会与此如此的巧合？这也是植物在大自然中长期适应和进化的结果。

因为植物所显示的数学特征是植物生长在动态过程中必然会产生的结果，它受到数学规律的严格约束，换句话说，植物离不开斐波那契数列，就像盐的晶体必然具有立方体的形状一样。由于该数列中的数值越靠后越大，因此两个相邻的数字之商将越来越接近 0.618 034 这个值。例如 $\frac{34}{55}=0.6182$，已经与之接近，这个比值的准确极限是"黄金数"。

数学中，还有一个称为黄金角的数值是 137.5°，这是圆的黄金分割的张角的数值，更精确的值应该是 137.507 76°。与黄金数一样，黄金角同样受到植物的青睐。

车前草是西安地区常见的一种小草，它那轮生的叶片间的夹角正好是137.5°，按照这一角度排列的叶片，能很好地镶嵌而又互不重叠，这是植物采光面积最大的排列方式，每片叶子都可以最大限度地获得阳光，从而有效地提高植物光合作用的效率。

建筑师们参照车前草叶片排列的数学模型，设计出了新颖的螺旋式高楼，最佳的采光效果使得高楼的每个房间都很明亮。

1979 年，英国科学家沃格尔用大小相同的许多圆点代表向日葵花盘中的种子，根据斐波那契数列的规则，尽可能紧密地将这些圆点挤压在一起，他用计算机模拟向日葵的结果显示，若发散角小于 137.5°，那么花盘上就会出现间隙，且只能看到一组螺旋线；若发散角大于 137.5°，花盘上也会出现间隙，而此时又会看到另一组螺旋线；只有当发散角等于黄金角时，花盘上才呈现彼此紧密镶合的两组螺旋线。

所以，向日葵等植物在生长过程中，只有选择这种数学模式，花盘上种子的分布才最为有效，花盘也变得最坚固壮实，产生后代的概率也最高。

树木与真菌相互依恋的秘密

树木和真菌相互依恋的现象，在很长一段时间内都是个难解之谜。在100多年前，一种叫水晶兰的植物引起了科学家的广泛兴趣。水晶兰的身上没有叶绿素，茎上不长叶子，而是覆盖着无色的小鳞片，形态上很像某些寄生植物。它不具备叶绿素，显然只能摄取现成的有机养料，那么它是如何得到有机养料的呢？是像腐生植物那样完全依靠自己获取营养，还是如同寄生植物那样从树根上获取呢？

经过研究发现水晶兰不是寄生植物，完全是从土壤里获得有机营养。水晶兰根的整个表皮上覆盖着密密麻麻的某种真菌的菌丝，菌丝体比表皮本身厚1~2倍。小根的末梢在真菌鞘里，单独或成束的菌丝从四面与真菌鞘分开，这与寄生真菌有所不同，因为后者菌丝只在根的表面，而不会侵入到根的组织中去。显然，水晶兰是由菌丝承担着供水和营养的任务，在生理上取代了根毛的作用。

水晶兰中的奇妙现象，使更多的学者开始对兰科植物进行全面研究。他们发现，兰花的种子异常微小，外面有厚膜包着，里面几乎没有任何贮存的营养物质，而且它在人工条件下根本不萌芽。植物学家贝纳尔在偶然的机会下检查了巢兰的一个果实，看见里面有几个已经发了芽的种子，其实严格地说，它们已不是种子，而是极小的幼苗。贝纳尔在显微镜下解剖巢兰幼芽，发现幼芽细胞里都有极细的小纤维团，这是进入到兰花种子里的某种真菌的菌丝。当时，兰花和真菌共生的现象已为人所知，但谁也没料到，长在梭状茎上的真菌菌丝能穿过茎，进到成熟的种子内。为此贝纳尔提出假设，真菌进入兰花的幼芽里绝非偶然，而是兰花种子萌芽必不可少的条件。

为了证实自己的假说，贝纳尔从兰花根上取得真菌小团，分别放在营养冻胶上进行培养，形成类似真菌的东西。与此同时，他在严格消毒条件下对兰花种子进行人工培养，但没有发芽，后来他往培养基中加了一小块"真菌"，结果很有效，当真菌菌丝一进入种子里，种子便开始萌发，几个月后长出了正常的兰花。这样他第一次证明了兰花种子萌芽时一定要有共生真菌才行。

那么，除了兰花以外，真菌对别的植物是否也具有必不可少的作用？或者，由于它的介入会不会使某些重要的经济作物丰产高产呢？法国另一位学者康斯坦丁做了一个有趣的实验，他在法国阿尔卑斯山 1400 米高的山坡地同时种了（用种子而不是块根）两组马铃薯，一组是未施过肥的但有各种真菌的处女牧地，另一组是没有真菌的普通土壤地，以了解真菌对马铃薯有什么影响。

结果第一组的马铃薯受重叠真菌的严重感染，高质量的块根大丰收，而第二组的马铃薯却连一个块根都没结，显然用种子栽种的马铃薯离不开共生菌根真菌。今天，菌根真菌与植物生长发育关系的迷雾正在一层层拨开，但是在树木与真菌为什么要互相依恋的生理机制探索中，仍有许多难以解释的谜团有待于科学家们去努力探索。

植物会招蜂引蝶

招蜂引蝶的花朵，不但有鲜艳的花瓣，还有香甜的花蜜。花蜜为什么那么甜呢？花蜜是花儿蜜腺细胞的分泌物，含有丰富的糖分。花儿为什么那么香呢？花香其实是一种叫"酯"的挥发性油液发出的香气。酯并无颜色，但很香。而且，越晒越香。

植物学家还发现，植物分泌花蜜的多少常跟天气有关。天气暖和、晴朗，花蜜就产得多。天气连阴下雨，气温低，花蜜不但产得少，而且稀薄。刮干冷

大风的天气，花蜜的产量会很低。据统计在我国能产蜜的植物约有 3000 多种，其中枣花产的蜜又甜又香又黏稠，质量最好，油菜、紫云英、荆条、乌桕、龙眼产的蜜，质量也不错。

昆虫是怎样找到它所需要的花蜜的呢？除了花朵发出的香气以外，花的颜色也是很重要的。昆虫常常在很远的地方感觉到某地的花香，它们会不辞劳苦，远道而来，并根据花儿的颜色，采到满意的花蜜。有人做过试验，有 8 种颜色的花昆虫最喜欢。其中，白花、红花和黄花数量比较多，这 3 种花特别容易被传粉的昆虫找到。经过实验，人们还发现，蜜蜂对白花和黄花特别敏感，蝴蝶则对红花特别有好感。在温带地区，昆虫对鲜红色的花朵并不感兴趣，所以那里的花朵大多数是白色、黄色或蓝色，而在热带地区，蝴蝶或蜂鸟，特别喜欢鲜红色的花，所以花的颜色中红色居多。

然而，大千世界无奇不有。有香花，也有臭花。这些臭花，靠逐臭的虫子来完成传粉作用。比如一种叫土蜘草的植物，花开之后，臭不可闻，不留神走近它的人，常常被花臭熏得捂鼻而逃。而素有世界之最的最大花——生活在印度尼西亚的大花草开的花，刚一开放，臭气尚不明显，待到花瓣全部显露，它就变得臭味刺鼻，吸引逐臭的蝇子前来吮吸花蜜。等蝇子就餐完毕，传粉已完成。

花儿不论香臭，都能吸引动物前来采花蜜。动物在这朵花儿上采过蜜，又去那朵花儿上采蜜，不经意之中，就帮助花儿传授了花粉，为植物的雌雄交配充当了勤劳的媒人。被子植物的传种接代就在这种互惠互利之中不断进行，植物界被子植物的繁衍也因此大大盛于裸子植物。

植物"跳舞"的秘密

一般认为植物和动物不同，动物会活蹦乱跳，而植物却是直立不动的。但在中国华南、西南广大地区的丘陵山沟或山沟灌木林中，却生长着一种叫做"舞草"的植物，也有叫电信草、鸡毛草的。顾名思义，这是一种会"跳舞"的植物，虽然称为"舞草"，但不是草，而是一种小灌木。

舞草对阳光非常敏感，在阳光的照射下，大叶旁边两枚侧生的小叶会缓慢向上收拢，然后迅速下垂，像钟表的指针一样，不停息地回旋运转。同一植株上各小叶在运动时有快有慢，但很有节奏，此起彼落，蔚为奇观，而且可以从太阳升起一直舞到太阳落山。

每当夜幕来临，舞草便进入"睡眠"状态，随着早晨的到来，它又开始翩翩起舞。关于舞草跳舞的原因，科学家们还没有研究清楚。至于舞草跳舞的作用，有人认为舞草跳舞可以起到自卫的作用，当它跳舞时，一些愚蠢的动物和昆虫就不敢前来进犯了；也有人认为舞草一般生长在阳光照射强烈的地方，为了不被强烈的阳光灼伤，两枚侧生的小叶就不停地运动，起到躲避酷热的作用。

舞草作为会动的植物，是一种有趣的观赏植物；同时，它还是一种草药，具有舒筋、活络、祛瘀等功效。

植物会变性

　　有趣，植物难道自己能改变自己的性别吗？它们是怎么变的？菠菜是雌雄异株的植物。人们发现，在高温影响下，雌株菠菜竟都变成了雄株菠菜。而在低温影响下，番木瓜的雌花在不断地增多，雄花却在减少。

　　在干旱的土地里，栎树和槭树越来越多地走向雄化，黄瓜种在湿度为80%的土壤里，要比种在湿度为40%的土壤产量提高好几倍，说明黄瓜在水分充足的时候，雌花生得就多。

　　甚至，外伤也能改变植物的性别。如果番木瓜的幼苗被无意中砍伤，它就会开雌花；有些植物开出的花和刚结出的小果子被人摘了去，它反而会多开雌花。

　　这说明什么呢？

　　在自然条件下，像温度、水分等诸多环境比较优越的情况下，就会出现植物雌性化的现象；而当环境条件比较恶劣的情况下，植物就会更多地出现雄性化的现象。

　　植物身体里有一种宝贵的东西，叫激素。在正常情况下，激素是可以保证植物的性别的。可是，环境条件一不正常，比如干旱、日照变化、植物受到损伤等，激素就"乱了方寸"，不是多分泌，就是少分泌，这样也会导致植物的性别发生变化。

超级植物

由于现在森林资源遭到越来越严重的破坏，生态环境因此出现了一系列不良的后果，人们更希望能有这样一种尽善尽美的植物：它能在短期内生长成树木，能保持土壤的肥力，还能防止森林火灾，甚至还能担负起为人类提供燃料、食品和其他工业原料的重担……

事实出乎人的意料，这种超级植物是存在的。而且已经生存了许多年，最近终于被发现了。

这类"超级植物"多属于豆科。它们的名字很美，比如朱缨花、银合欢等。这些植物实在不愧为超级植物。

在温带，这些植物能迅速生长起来，而且它们那"坚强"的身躯要经受狂风暴雨的袭击和严重干旱的考验，为人类提供更多的资源。

在土壤里，它们的根系中拥有大量根瘤菌，根瘤菌把氮固定在土壤中，为特别需要氮肥的植物提供了天然肥料，比人类照顾的还好呢！而贫瘠的土地也慢慢地变得肥沃起来。

红色的朱缨花个子矮矮的，叶子很密。当森林起火时，它就是一道防火墙，不让大火继续蔓延下去；石梓树的树汁是柴油机很好的燃料，还能为造纸业提供纸浆；银合欢高达20多米，是真正的栋梁之材，叶子里含有丰富的蛋白质，可以加工成食品，而且生长极迅速。

看！超级植物为人类提供了多么光明的前景。

植物的"武装自卫"

在公园里会看到枸橘，在农村房子周围也会看到枸橘，它浑身上下长满了粗刺，你要是不小心，被它刺一下，肯定皮破血流。因此，它在原野里，什么凶猛的动物都不敢碰它，它可以自由自在、无忧无虑地过着太平无事的生活。

你到我国的华北、华东、华中、华南和西南山区旅行考察时，要特别留心一种带刺的树木，它的树干上、枝条上，连叶柄上都长满了大大小小的棘刺，野兽不敢靠近它，鸟儿根本无法在上面立脚，因此，它又有"鹊不踏"的诨名。

在公园里，经常可看到构骨，它是一种常绿小乔木，叶子生得奇特，革质化，长椭圆状的四方形，每片叶子上有三四个硬刺齿，戳一下很痛，鸟儿也不敢在树上过夜，因此，它的绰号就叫"鸟不宿"。它结的鲜红或黄色果实，鸟儿只能望望，流流口涎，却不敢前来问津。

欧洲阿尔卑斯山上的落叶松，更是有趣极了，幼时的嫩芽被羊吃去后，就在原地方长出一簇刺针，新芽在刺针的严密保护下生长起来，一直长到羊吃不着时，才抽出枝条。

在非洲还有杀鹿的植物和杀狮子的植物。杀鹿的是马尔台尼亚草的果实，果实的两端像山羊角般的尖锐，生满针刺，形状可怕，有人称它为恶魔角。这种果实成熟后落在草中，当鹿来吃草时，果实就插入鹿的鼻孔，使鹿疼痛难受，有的竟发狂而死。杀狮子的植物也是利用果实，果实上长有许多像铁锚一样的刺，长3～4厘米，非常坚硬。当狮子到这里来捕食，被它刺痛时，就非常恼火地张开血盆大口来咬它，这种果实上的铁锚，就钩住了狮子的上下腭和舌头，威风凛凛的狮子，这时什么东西也吃不了了，只能等着活活地被饿死。

此外，许多植物在受到昆虫的袭击时会生成一些特殊的化学物质如合成萜烯、单宁酸等，其中单宁酸可以有效地抑制昆虫的侵袭。

植物通过化学变化制造的化学武器可以间接地招来援兵——鸟。由于昆虫在吃树叶的同时，叶子上生出可溶的单宁酸，使昆虫感到树叶的味道欠佳，于是不断地转移，因此树叶上呈现出一片片有规则的小孔。目光锐利的食虫鸟就利用这些小孔觅食昆虫。

植物会"出汗"

夏天的早晨，你到野外去走走，可以看到很多植物叶子的尖端或边缘，有一滴滴的水珠淌下来，好像在流汗似的。有人说这是露水。

滴下来的真是露水吗？让我们来细心地观察一番，研究研究。你看，那亮晶晶的水珠慢慢地从植物叶片尖端冒出来，逐渐增大，最后掉落下来；接着，叶尖又重新冒出水珠，慢慢增大，以后又掉了下来，一滴一滴的连续不断。显然，这不是露水，因为露水应该布满叶面。那么，这些水珠无疑是从植物体内跑出来的。

这是怎么回事呢？原来，在植物叶片的尖端或边缘有一种小孔，叫作水孔，和植物体内运输水分和无机盐的导管相通，植物体内的水分可以不断地通过水孔排出体外。平常，当外界的温度高，气候比较干燥的时候，从水孔排出的水分就很快蒸发散失了，所以我们看不到叶尖上有水珠积聚起来。

如果外界的温度很高，湿度又大，高温使根的吸收作用旺盛，湿度过大抑制了水分从气孔中蒸散出去，这样，水分只好直接从水孔中流出来。在植物生理学上，这种现象叫做吐水现象。吐水现象在盛夏的清晨最容易看到，因为白

天的高温使根部的吸水作用变得异常旺盛，而夜间蒸腾作用减弱，湿度又大。

植物的吐水现象，在稻、麦、玉米等禾谷类植物中经常发生，在芋艿、金莲花等植物上也很显著。芋艿在吐水最旺盛的时候，每分钟可滴下190多滴水珠，一个夜晚可以流出10～100毫升的清水哩！

木本植物的吐水现象就更奇特了。在热带森林中，有一种树，在吐水时，滴滴答答，好像在哭泣似的，当地居民干脆把它叫作哭泣树，中美洲多米尼加的雨蕉也是会哭泣的。

雨蕉在温度高、湿度大、水蒸气接近饱和及无风的情况下，体内的水分就从水孔溢泌出来，一滴滴地从叶片上降落下来，当地人把雨蕉的这种吐水现象当做下雨的预兆。要知是否下雨，先看雨蕉哭不哭！因此，他们都喜欢在自己的住家附近种上一棵雨蕉，作为预报晴雨之用。自然界中的这些奇妙现象是多么有趣啊！

植物耐寒的秘密

当严寒到来，许多动物都加厚了它们的皮袍子，深居简出，或者干脆钻到温暖的地下深处去睡觉的时候，不少植物却依旧精神抖擞地屹然不动，若无其事地伸出它那绿油油的叶子，好像并没有感觉到严寒的来临。

难道植物当真麻木不仁，对寒冷完全无动于衷吗？不！过度的寒冷一样可以将植物冻死。植物细胞中的水分一旦结成冰晶，植物的许多生理活动就会无法进行；更要命的是，冰晶会将细胞壁胀破，使植物招致杀身之祸。经过霜冻的青菜、萝卜，吃起来不是又甜又软吗？甜是因为它们将一部分淀粉转化成了糖，而软就是细胞组织被破坏的缘故。

不过要使植物体内的水分结冰，并不太容易。比如娇嫩的白菜，要在零下

15℃才会结冰，萝卜等可以经受零下20℃而不结冰，许多常绿树木，甚至在零下50℃到零下40℃依然不会结冰，秘密何在呢？

如果说，粗大的树木可以用寒气不易侵入来解释，那么细小的树枝和树叶，娇嫩的蔬菜，为何也不易结冰呢？白菜、萝卜、番薯等遇上寒冷时，会将贮存的部分淀粉转化为糖分，植物体内的水中溶有糖后，水就不易结冰，这也是事实。

但如果我们仔细想一想，就知道这并不是植物耐寒的主要理由。要知道，1000克水中溶解180克葡萄糖后，结冰温度才会下降1.86℃，即使这些糖溶液浓到像糖浆一样，也只能使结冰温度下降7~8℃。可见一定另有缘故。

原来植物体内的水分有两种，一种为普通水，还有一种叫结合水。所谓结合水，按它的化学组成而言，和普通水并无两样，只是普通水的分子排列比较凌乱，可以到处流动，而结合水的分子，却以十分整齐的队形排列在植物组织周围，和植物组织亲密地结合在一起，不肯轻易分开，因此被叫作结合水。

有趣的是，化学家发现结合水的"脾气"和普通水大不相同，比如普通水在100℃时沸腾，0℃时结冰，可是结合水却要高于100℃才沸腾，比0℃低得多的温度才结冰。

冬天，植物体内的普通水减少了，结合水所占的比例就相对地增加。由于结合水要在比0℃低得多的温度才结冰，植物当然也就比较耐寒了。

植物之间也有弱肉强食

动物界中，动物之间弱肉强食是很自然的现象。而植物没有动物那样大的活动空间，植物的生长范围狭小，又不能活动，但它们之间同样也存在着弱肉强食的现象。热带雨林中的绞杀植物就是植物间相互竞争中的佼佼者。

　　热带森林地区，由于气温高，湿度大，非常适合热带植物的生长。植物群落中植物种类繁多，密度很大，故每种植物的生活空间缩小了，接受阳光的机会也相应减少。植物之间为了生存进行着一场争夺阳光和土壤养分的激烈竞争。在自然竞争中，那些具有生长优势的植物物种，可以得到充足的阳光和养料，从而在竞争中保存下来；那些处于劣势的植物，最终会被淘汰。

　　科学家们发现在巴拿马热带森林里，在一些大树周围的许多小树和藤本植物相继枯死。经过观察发现，原来在大树根部长出了巨大根肿，它生长得很快，在土壤中不断膨胀，形成一种挤压力，毁坏了邻近植物的根系，甚至将其根挤出地面，使其他植物无立足之地，只能枯死。

　　在我国广东鼎湖山和海南岛尖峰岭林区，也可看到一番绞杀情景。如细叶榕的种子被鸟吃掉并随同粪便一起排出落在了红壳松的树干或枝丫处后，种子就会萌发生根，幼苗长成粗壮的灌木状。其后生出许多正向地性的气生根。有些气生根贴附在宿主的树干上，有些气生根则从宿主的枝上下垂，下行根逐渐增多并且互相融合，直至用它那强大的木质根网把宿主树干团团裹住。这时细叶榕的树冠也增大繁茂起来，遮盖了宿主的树冠，而宿主由于见不到阳光和自身养分被吸干最终被扼杀而腐朽。绞杀植物细叶榕的根网就成为一个空筒，但仍可以过着独立的生活。榕属等绞杀植物在热带雨林里最后常常成为森林上层的高大乔木。

　　绞杀植物的种类很多，如桑科的榕属、五加科的鸭脚木属、漆树科的酸草属等，它们主要生活在热带雨林里，但亚热带森林和温带森林中绞杀植物的种类和个体数量，均远逊于热带雨林。

植物可以使人产生幻觉

致幻植物就是指有些植物因它的体内含有某种有毒成分，如裸头草碱、四氢大麻醇等，当人或动物吃下这类植物后，可导致神经或血液中毒。中毒后的表现多种多样：有的精神错乱，有的情绪变化无常，有的头脑中出现种种幻觉，常常把真的当成假的，把梦幻当成真实，从而做出许许多多不正常的事来。

有一种称作墨西哥裸头草的蘑菇，体内含有裸头草碱，人误食后会导致肌肉松弛无力，瞳孔放大，不久就会发生情绪紊乱，对周围环境产生隔离的感觉，似乎进入了梦境，但从外表看起来仍像清醒的样子。因此，所作所为常常使人感到莫名其妙。

当人服用蛤蟆菌以后，服用者的眼里会产生奇特的幻觉，一切影像都被放大，一个普通人转眼间变成了硕大无比的庞然大物。据说，猫误食了这种菌，也会慑于老鼠忽然间变得硕大的身躯，而失去捕食老鼠的勇气。这种现象在医学上称为"视物显大性幻觉症"。

褐鳞灰生菌的致幻作用则是另外一种情形。服用者面前会出现种种畸形怪人，或者身体修长，或者面目狰狞可怕。很快，服用者就会神志不清、昏睡不醒。大孢斑褶生菌的服用者会丧失时间观念，面前出现五彩幻觉，时而感到四周绿雾弥漫，令人天旋地转；时而觉得身陷火海，奇光闪耀。

美国学者海·姆，曾在墨西哥的古代玛雅文明中发现有致幻蘑菇的记载，人们在危地马拉的玛雅遗迹中又发掘到崇拜蘑菇的石雕。原来，早在3000多年前，生活在南美丛林里的玛雅人就对这种具有特殊致幻作用的蘑菇产生了充满神秘感的崇敬心情，认为它是能将人的灵魂引向天堂、具有无边法力的"圣物"，恭恭敬敬地尊称它为"神之肉"。

国外有不少科学家相继对有致幻作用的蘑菇进行过研究，他们发现在科学尚未昌明的古代，秘鲁、印度、几内亚、西伯利亚和欧洲等地有些少数民族在进行宗教仪典时，往往利用致幻蘑菇的"魅力"为宗教盛典增添神秘气氛。

除了蘑菇，大麻也有致幻作用。大麻是一种有用的纤维植物，但是在它体内含有四氢大麻醇，这是一种毒素，吃多了能使人血压升高、全身震颤，逐渐进入梦幻状态。再比如在南京中山植物园温室中有一种仙人掌植物，称为乌羽飞，它的体内含有一种生物碱——墨斯卡灵，人吃后 1～2 小时便会进入梦幻状态。通常表现为又哭又笑、喜怒无常。这种植物原产于南美洲。

树干圆柱形的由来

只要你平常对周围的树木稍加注意，就会知道不同种类的树木，它们的树冠、叶子、果实的形状变化多端，几乎不可能找出它们的共同形状来。有时就是在同一种类中也有很大的变异。可是当你把视线转移到树干和枝条上去时，马上就会发现，几乎所有树木其树干都是圆柱形的。奇怪！树干为什么大都是圆柱形的，而不是别的形状呢？为什么形形色色的树木在这一点上能够统一起来呢？

让我们来看一看圆柱形的树干到底有哪些好处吧！

首先，几何学告诉我们，同样的周长，圆的面积比其他任何形状的面积要大。因此，如果有同样数量的材料，希望做成容积最大的东西，显然圆形是最合适的形状了。怪不得人们把用以输送煤气的煤气管，用以输送自来水的水管，都做成圆管状的，实际上这是对自然现象的一种仿造。

其次，圆柱形有最大的支持力。树木高大的树冠，它的重量全靠一根主干支持，有些丰产的果树结果时，树上还要挂上成百上千斤的果实，如果不是强有力的树干支持，哪能吃得消呢？

树木结果的年龄往往比较迟，有些果树，如核桃、银杏等需要生长 10 多年，甚至几十年才开始结第一次果实。在这段漫长的时间里，它们的主要任务是建造自己的躯体，这需要耗费大量的养分，如果不是采用消耗材料最省而功能最大的结构，就会造成浪费，使结果年龄还要推迟，树木本身繁衍后代的时间也会拉长，这对树木来说是不利的。

再说，圆柱形结构的树干对防止外来伤害也有许多好处。树干如果是正方形、或是长方形、或是其他形状，那么它们必定存在着棱角和平面。有棱角的存在是最容易被动物啃掉的，也极容易摩擦碰伤。果园中的果树，假如树干是四方的，可以想象它就容易被耕畜或其他机械损伤。我们知道，树皮的皮层是树木输送营养物质的通道，皮层一旦中断，树木就要死亡。而四方形茎干遭害的机会又这么多，岂不危险吗？好在树干是圆柱形的，就是机械碰伤或摩擦损伤了树皮，也只是局部地方而已。

另外，树木是多年生植物，在它的一生中不免要遭到风暴的袭击，由于树干是圆柱形的，所以，不管任何方向吹来的大风，很容易沿着圆面的切线方向掠过，受影响的就仅一小部分了。你可以设想，如果树干是具有平面的任何其他形状，平面比之弧面受风力不是就大大增加了吗？这样，树就会被风刮歪，严重时还会被刮断！

一切生物都在进化的道路上前进着，它们躯体的特点总是朝着对环境最有适应性的方向发展。圆柱形树干可能也是对环境适应的结果。

树木过冬的秘密

大自然里有许多现象是十分引人深思的。例如同样从地上长出来的植物，为什么有的怕冻，有的不怕冻？更奇怪的是松柏、冬青一类树木，即使在滴水成冰的冬天，依然苍翠夺目，经受得住严寒的考验。

其实，不仅各式各样的植物抗冻力不同，就是同一株植物，冬天和夏天抗冻力也不一样。北方的梨树，在零下30℃到零下20℃能平安越冬，可是在春天却抵挡不住微寒袭击。松树的针叶，冬天能耐零下30℃的严寒，在夏天如果人为地降温到零下8℃就会冻死。

什么原因使冬天的树木变得特别抗冻呢？这确实是个有趣的问题。

国外一些学者说，这可能与温血动物一样，树木本身也会产生热量，而且由于它由导热系数低的树皮组织加以保护才会这样。以后，另一些科学家说，主要是冬天树木组织含水量少，所以在冰点以下也不易引起细胞结冰而死亡。但是，这些解释都难以令人满意。因为现在人们已清楚地知道，树木本身是不会产生热量的，而在冰点以下的树木组织也并非不能冻结。在北方，柳树的枝条、松树的针叶，冬天不是冻得像玻璃那样发脆吗？然而，它们都依然活着。

那么，秘密究竟何在呢？

原来，树木的这个本领，很早就已经锻炼出来了。它们为了适应周围环境的变化，每年都用沉睡的妙法来对付冬季的严寒。

我们知道，树木生长要消耗养分，春夏树木生长快，养分消耗多于积累，因此抗冻力也弱。但是，到了秋天，情形就不同了，这时候白昼温度高，日照强，叶子的光合作用旺盛；而夜间气温低，树木生长缓慢，养分消耗少，积累多，于是树木越长越胖，嫩枝变成了木质，逐渐地树木也就有了抵御寒冷的能力。

　　然而，别看冬天的树木表面上呈现静止的状态，其实它的内部变化却很大。秋天积贮下来的淀粉，这时候转变为糖，有的甚至转变为脂肪，这些都是防寒物质，能保护细胞不易被冻死。如果将组织制成切片，放在显微镜下观察，还可以发现一个有趣的现象哩！平时一个个彼此相连的细胞，这时连接丝都断了，而且细胞壁和原生质也离开了，好像各管各的一样。这个肉眼看不见的微小变化，在增强植物的抗冻力方面竟然起着巨大的作用！当组织结冰时，它就能避免细胞中最重要的部分——原生质受细胞间结冰而招致损伤的危险。

　　可见，树木的沉睡和越冬是密切相关的。冬天，树木睡得愈深，就愈忍得住低温，愈富有抗冻力；反之，像终年生长而不休眠的柠檬树，抗冻力就弱，即使像上海那样的气候，它也不能露地过冬。

树林安静的秘密

　　在现代化大城市中生活的人们，每天被各种各样的音响烦扰着。汽车、摩托车的发动机声音和刹车声，工厂里机器的轰鸣声，建筑工地上打桩的巨大响声以及人声，流行音乐的乐声和其他各种声响，这些现代社会的混合音响组成了对人的情绪和健康有很大危害的噪声。噪声会使人觉得心情烦躁不安、头痛头晕，产生失眠、心跳加快、血压上升等病症，甚至还会诱发精神病。可见噪声真是人类的一大公害！所以，生活在大城市里的人们十分希望能在星期天、节假日时到公园里去走走。当我们在茂密的树林里悠闲地散步时，人会感到十分宁静，心情舒畅、愉悦。这主要是因为在树林里没有噪声，给人们提供了一个幽静的环境。

　　树木的枝干和浓密的树叶不仅能吸收声波，而且还能不定向地反射声波。

因此，当噪声进入树林里后，一部分被吸收了，另一部分又被反射了，于是噪声大大地被减弱。据统计资料表明，绿化的街道比没有绿化的街道噪声要低 10~15 分贝。一般的居民住宅区夜间噪声应低于 40 分贝，白天应低于 50 分贝。如果超过 60 分贝，就会干扰人的正常工作和生活。80 分贝的噪声会使人感到疲倦和烦恼。因此，住宅区和街道的绿化能减低噪声，对人们的心理和生理健康大有好处。

实验结果说明，10 米宽的林带能减弱 30% 噪声，20 米、30 米、40 米宽的林带分别能减弱 40%、50% 和 60% 的噪声。因此，在噪声多的地区，更应该植树造林。绿化不仅可以美化环境、净化空气，调节气温、湿度，还可以降低噪声，它的好处可真不少。

不毛之地的绿植

看似不毛之地的沙漠并不是毫无生机，那些坚强不屈的植物早已在这里安家落户，坚韧地在干旱和酷热中成长着。

沙漠中的盎然生机

　　也许你会认为，在严重干旱，自然条件极为恶劣的沙漠中，不会有太多的植物。其实不然，在浩瀚无际的大沙漠里，生长着 1000 种左右的野生植物，其中包括不少经济价值较高的商用木材、药用植物、纤维植物等，让人感到无比惊奇。

　　由于沙漠缺水，所以沙漠里的植物大多数根系都非常发达，以增加对沙土中水分的吸取。主根深、水平根（侧根）广，水平根可向四面八方扩展很远，不具有分层性，而是均匀地扩散生长，避免集中在一处消耗过多的沙层水分。如灌木黄柳树的株高一般 2 米左右，而它的主根可以钻到沙土里 3.5 米深，水平根可伸展到 20～30 米以外，即使受风蚀露出一层水平根，也不至于造成全株枯死。如此庞大的根系除了用来吸收水分外，还有固沙的作用。

　　沙漠中水分稀少，蒸发量却大得惊人，许多植物为了减少水分的丧失，演化出特殊的形态，如仙人掌的叶片进化成针状的小刺；而为了储存更多的水分，茎部则变得肥厚而多汁。白刺、沙拐枣的枝条呈现灰白色，可以抵挡强烈的阳光；沙冬青的叶表面有一层蜡质或灰白色毛；梭梭、怪柳的叶成鱼鳞状；霸王的叶退化等。还有许多植物是含有高浓度盐分的多汁植物，可从盐度高的土壤中吸收水分以维持生命，如碱蓬、盐爪等。

　　在沙漠中，由于雨季短暂，有些植物在 1～2 个月里就可以迅速发芽、生长、开花、结果，在相当短暂的时间里完成它的生命周期。沙漠植物都必须抢在有水的时候繁衍下一代，也为了吸引动物替它们传种接代，往往会开出十分艳丽的花朵，为荒芜的大地带来缤纷亮丽的花季。

　　沙生植物在代谢途径上也有独到之处。如景天、落地生根、仙人掌等植物，白天气孔关闭，夜间开放。夜间二氧化碳由气孔进入体内形成苹果酸，贮存于细胞液内；白天苹果酸再脱羧放出二氧化碳，参与光合作用。这条代谢途径对于它们的生存具有重大意义，因为这类植物生长在干热缺水的环境里，面临的重大问题是水分，而水不仅是光合作用的原料，也是生命活动不可缺少的物质。因此这类植物在体内贮存水分，减少蒸发是战胜干旱、获得生存的必要措施。白天气孔关闭，既可减少水分的过度蒸发，又可利用前天晚上吸收的二氧化碳进行光合作用。而在夜间空气湿度较高，光照很弱，这时气孔打开吸收二氧化碳，既能提供白天光合作用的原料，又能减少水分损失。这也是此类植物适应环境的典型生理表现。但这类植物二氧化碳进入植株体内受到限制，其光合作用是很弱的，因而其生长速度非常缓慢。

最为奇特的沙漠植物

在以色列的沙漠地区，有一种绿色植物能在长期干旱的环境中长出硕大的叶片，并能开花结籽。它们为何有如此超强的抗旱本领呢？奥秘在于它们进化出一套自我收集微弱水汽并进行灌溉的生物系统。

这种能够进行自我灌溉的植物叫沙漠地黄，主要生长在以色列的内盖夫沙漠。沙漠地黄是世界上已知的唯一能够自我收集水汽进行灌溉的植物。植物大多是"靠天吃饭"，雨水充沛它们就生长良好，在干旱的时候它们就死亡、暂时"休眠"或者极其缓慢地生长，而这种能够自我灌溉的沙漠地黄却无论在什么情况下都能茁壮成长。

沙漠地黄之所以能够收集水汽，主要是依靠它叶子上的独特结构。沙漠地黄有几片硕大的叶子，叶片紧贴根部四散生长，叶子表面疙疙瘩瘩，而且叶子上还有有许多"沟壑"。这使得沙漠地黄的叶子有些像山脉，突出的疙

疙瘩就像是山峰，可以收集空气中微量的水汽，这些水汽在疙瘩上聚集成小水滴。

沙漠地黄的叶子表面虽然疙疙瘩瘩，但是叶面有一层蜡状物质，可以让水在叶片表面顺利流动。当小水滴在沙漠地黄的叶子表面聚集到足够大的时候，就会在重力的作用下掉到叶片上的"沟壑"中，并顺着"沟壑"流到根部，起到自我灌溉的作用。

以色列海法大学的植物学家吉蒂·尼尔曼等人多年来一直在研究这种奇特的沙漠植物。他们发现，每株沙漠地黄的平均年集水量为4.2升，足够提供自身的正常需水量。他们甚至还发现，一株最大的沙漠地黄一年居然可以收集43.8升水。

内盖夫沙漠地区降雨稀少，年平均降雨量只有75毫米。即使在这样恶劣的条件下，沙漠地黄也能顺利生长。进一步的研究表明，由于沙漠地黄是把水直接运输到根部，所以它们收集到的水会渗透至地表以下10厘米处，可以有效地浇灌植物。这要比落在沙漠土壤表面的水渗透幅度深10倍。

沙漠地黄是沙漠中少有的一种大叶片植物，而且它们开出的花朵也十分鲜艳，为枯燥的沙漠增添了少有的亮色。

沙漠地黄是一种需要保护的珍稀植物，由于水汽资源少，它们也不能像其他植物那样成片生长，而是稀稀拉拉地分布在沙漠之中，总量不过几千株。

研究人员希望能够破解沙漠地黄中主宰叶片"疙瘩和沟壑"结构的基因，以便把这种基因移植到其他植物中，开发出更多适合在沙漠或干旱地区生长的绿色植物，以便让更多的植物能够在沙漠中生长。

当然，园艺学家也可以培育出更多的抗旱盆花，让那些种种原因而不能照顾盆栽的人也能享受到养花的乐趣。工程学家则希望学习沙漠地黄的叶片结构，开发出为干旱地区的人们提供饮用水的集水系统。

仙人掌多肉多刺的秘密

仙人掌类植物属仙人掌科，有 2000 多种，它的叶片退化成刺状、毛状，茎部变成多浆、多肉的植物体。形态变化无穷，千姿百态，有圆的、有扁的，或高、或矮，有的长条条，有的软乎乎，也有柱形直立似棒和短柱垒叠成山，真是形形色色，古怪奇特。

仙人掌类植物为什么会出现这种多肉多刺的古怪形状呢？这是因为仙人掌类植物的老家是南美和墨西哥，长期生长在干旱沙漠环境里，多肉多刺的形状主要作用就是为了适应这种生存环境，减少水分蒸发和贮藏水分。

大家知道，植物生长需要大量水分，但吸收的水分又大部分消耗于蒸发作用，叶子是主要蒸发部位，大部分水分从这里跑掉。据统计，植物每吸收 100 克水，大约有 99 克从植物体里跑掉，只有 1 克保持在体内。

在干旱环境里，水分来之不易，为对付酷旱，仙人掌干脆堵住水分的去路，叶子退化了，有的甚至变成针状或刺状（一般把它看作变态叶），从根本上减少蒸发面，紧缩水分开支。有人做过实验，把同样高的苹果树和仙人掌种在一起，在夏天里观察它们一天的失水量，结果是苹果树 10 ~ 20 千克，而仙人掌却只有 20 克，相差上千倍。另外，仙人掌的多种多样的刺，有的刺变成白色茸毛，可以反射强烈的阳光，借以降低体表温度，也可以收到减少水分蒸发的功效。

仙人掌类植物一方面最大限度地减少水分蒸发，一方面却大量贮水。沙漠地带水少，如果不贮备水分，就随时有干死的可能。仙人掌的茎干变得肉质多浆，根部也深入沙漠里，这是它长期练出的另一抗旱本事。

这种肉质茎能够贮存大量水分，因为肉质茎含有许多胶状物，它的吸水

力很强，但水分要想挥发却很困难。仙人掌类植物正是以它体态的这些变化来适应干旱气候，才得以繁殖生存。

总之，仙人掌类植物的多肉多刺形状的作用就是为了减少水分蒸发和贮藏水分，是它适应生存环境的需要。至于仙人掌类植物的多肉多刺是否还有其他作用？它的多肉多刺是如何演变的？怎样从沙漠环境下适应人工栽植环境的？在人工栽植环境下它的古怪形状有没有退化的可能？红色花和黄色花只有靠嫁接才能生活吗？所有这些都有待于人们去研究。

沙漠中的"蔬菜"

沙葱又名野葱、山葱。是生长在内蒙古、甘肃、新疆无污染的沙漠边缘或山石缝隙中的一种野生蔬菜；不仅营养丰富，而且风味独特，无论凉拌、炒食、做馅、调味、腌渍均为不可多得的美味。属纯天然绿色保健食品。

沙葱在降雨时生长迅速，沙葱植株呈直立簇状，株高15～20厘米。根为白色（新根）或黄白色（老根）；茎为缩短鳞茎，根茎部略膨大；叶片呈细

长圆柱状，叶色浓绿，叶表覆1层灰白色薄膜；叶鞘白色，圆桶状。叶片含纤维素极少，花薹长 15～25 厘米，白色伞房花序，种子呈半椭圆形。

经专家测定，沙葱含丰富的植物蛋白、膳食纤维和人体所需矿物质、维生素等多种营养成分。据《蒙药典》记载："沙葱具有降血压、降血脂、开胃消食、健肾壮阳、治便秘之特殊功效。食之能治赤白痢、肠炎、腹泻、胸痹诸疾。"被誉为"菜中灵芝"。

沙葱耐旱抗寒能力极强，半年不降雨，遇雨后仍可快速生长。叶片可忍受-4℃甚至-5℃的低温，在-8℃～-10℃时叶片受冻枯萎。地下根茎在-45℃也不致受冻。生长适宜温度 12～26℃，不同生育时期对温度的要求不同。发芽期最低 3～5℃，抽薹开花期对温度要求偏高，达26～30℃。长时间高温（35℃以上）干旱条件下，叶片纤维素多，食用性变差。根系生长温度高于地上部分生长温度。沙葱属长日照，强光照植物。弱光条件下，沙葱生长细弱，呈淡绿色。沙葱生长要求较低的空气湿度（30%～50%）和通透性较强的湿润土壤。耐瘠薄能力极强。

有生命的"石头"

在自然界中，生物的拟态现象是普遍存在的。说起拟态，人们都说昆虫是拟态的高手，其实在植物王国里，具有拟态避敌本领的也大有"人"在。

在非洲南部及西南部干旱而多砾石的荒漠上，生长着一类极为奇特的拟态植物——生石花。它们在没有开花时，简直就像一块块、一堆堆半埋在土里的碎石块或者是卵形石。这些"小石块"有的灰绿色，有的灰棕色，有的棕黄色，顶部或平坦、或圆滑，有些上面还镶嵌着一些深色的花纹，如同美丽的雨花石；有的周身布满了深色斑点，好像花岗岩碎块。生石花的伪装简

直惟妙惟肖，甚至使一些不明底细的旅行者真假不分，直到想拾上几块"卵石"留作纪念时，才知道上当。这些"小石块"就是生石花肉质多浆的叶子。

每年 6～12 月，是南半球的冬春季节，也是生石花类植物生命交响乐中最动人的乐章。每天中午都有鲜艳夺目的花朵从"石缝"中开放，黄色、白色，还有玫瑰红色，花冠大如酒盅。

在这个季节，一片片生石花艳丽的花朵覆盖了荒漠，远远望去犹如给大地盖上了一床巨大的花毯。但当干旱的夏季来临后，荒漠上又是"碎石"的世界了。

据植物学家调查，世界上这类貌似小石块的植物有 100 多种，都属于番杏科，而且是生长在非洲大陆的南部，颇为珍贵。它们虽然十分弱小，而且充满了汁液，吃上去味道不错，却成功地模拟了无生命的石块，骗过了强大的天敌——食草动物，保护了自己的生命。

生石花的茎很短，常常看不见。变态叶肉质肥厚，两片对生联结而成为倒圆锥体。品种较多，各具特色。3～4 年生的生石花秋季从对生叶的中间缝隙中开出黄、白、红、粉、紫等色花朵，多在下午开放，傍晚闭合，次日午后又开，单朵花可开 7～10 天。开花时花朵几乎将整个植株都盖住，非常娇美。花谢后结出果实，可收获非常细小的种子。生石花形如彩石，色彩丰富，娇小玲珑，享有"有生命的石头"的美称。陈设案头，显得十分别致新颖，令人叹为观止。

生石花喜欢阳光，生长适温为 20 ~ 24℃，春秋季节宜放在向南阳台上或窗台上培养，此时正是其生长旺盛期，宜每隔 3 ~ 5 天浇 1 次水，促使生长和开花。生石花的生长规律是 3 ~ 4 月间开始生长，高温季节暂停生长，进入夏季休眠期，秋凉后又继续生长并开花，花谢之后进入越冬期。当春季开始生长时，原来的老植株逐渐萎缩并被新长出的植株所胀裂。此时要减少浇水，保持盆土略干燥些，并忌直接向植株上喷水，以防伤口感染引起腐烂。入夏后移至室内半光处，避免强光直射，同时要及时开窗通风降温，并要控制浇水，才能使其安全度夏。入秋后要逐渐增加浇水量，并施少量复合肥料，以利孕蕾开花。花谢后又要逐渐减少浇水，冬季更要严格控制浇水，以保持盆土干燥些为好。越冬期间要放在阳光充足处，室温保持在 10℃ 以上即能安全越冬，但最好将其放在室温 15℃ 以上的房间。生石花根系发达，故宜选用深盆栽培。盆土可用腐叶土 4 份、石灰质材料（贝壳粉、蛋壳粉、陈灰墙屑等）3 份、河沙 3 份混匀配制。栽植不能过深，否则易引起植株腐烂。繁殖生石花，采用播种和分株均可。家庭繁殖生石花，因需要的数量不多，可直接分栽从老株缝隙中抽生出的幼小植株。此法既简便易行，又可缩短繁殖时间。

沙漠中怒放的"玫瑰"

天宝花是近年新兴起来的室内栽培植物。天宝花又名沙漠玫瑰、小夹竹桃，原产非洲的肯尼亚、坦桑尼亚。是多年生肉质植物，株高可达 2 米。根肥大成肉质根。茎粗壮，分枝多，叶色翠绿。在南方可于春秋开花 2 次。如

不毛之地的绿植

植物揭秘

果养护得当，在春夏秋三季均可见花。盛花时，叶片大部分脱落，花满枝头，其姿态优美，树形古朴苍劲，优雅别致。根、茎、叶、花均有较高的观赏价值，是目前流行的高档室内栽培佳品。

沙漠玫瑰喜干燥、阳光充足的环境，耐干旱但不耐水湿，耐炎热但不耐寒冷。生长适温为 20～30℃。家庭栽培时，宜放置阳光或散射光充足的地方，宜用肥沃、疏松及排水良好富含钙质的砂壤土。5～12 月时是它的花期，花有红、玫红、粉红、白等颜色。南方温室栽培较易结实。

生长期宜干不宜湿。夏季高温期，可根据土壤状况表土干后即可浇水。一般 3 天浇水 1 次，盆中不能积水，否则根部易腐烂。在每年春季生长旺盛季节施用 2～3 次氮肥，开花前可施用 2 次含钙、磷的复合肥。冬季干旱季节，植株进入休眠期。如果温度低于 10℃ 则落叶，这时应控制浇水，保持土壤干燥。

沙漠玫瑰主要用播种及扦插的方法繁殖。播种以春季为佳，用点播法，以便于出苗后管理。播种前，一定要对基质进行消毒。出苗后，注意播盘中基质不能过湿，否则可能导致根部腐烂而造成大批幼苗死亡。扦插以生长旺盛季节为好。把枝段剪成 10 厘米左右，下端浸放水中，把切口处的黏液稀释，以防胶结而影响发根。可插入沙床或直接插入已消毒的栽培基质中，15～30 天可生根。在繁殖时，建议用播种方法繁殖，这样植株根茎能自然膨大形成良好的株形。扦插苗不仅不能繁殖，还会大大降低观赏价值。

另外，在栽培中，沙漠玫瑰枝条不易过长，影响株形美观，可用嫁接的方法改变其株形。可在植株一定高度按一定形状将枝条全部剪下，再取剪下的枝条的上端，用劈接法进行嫁接。经嫁接处理的植株，株形美观，开花后则花枝紧凑，观赏性强。

沙漠玫瑰的叶斑病较重，严重时可造成大批叶片脱落，可用 25% 的多菌灵可湿性粉剂 500 倍液，50% 的托布津 1000 倍液防治。

沙漠玫瑰的主要虫害是介壳虫。发生严重时导致叶片全部脱落，植株生长点坏死，甚至植株死亡。家庭栽培要注意观察，一旦发现马上用棉签蘸水将其擦除。也可在产卵期和孵化期用 40% 氧化乐果乳油 1000～2000 倍，或

50%杀螟松乳油 1000 倍喷雾 1 ~ 2 次。进行病虫害防治时，要注意用药安全。

沙漠玫瑰无论花、叶、茎，还是它的形，均优雅别致，自然大方，别具一格，特别适合家庭室内及阳台装饰，为室内栽培之佳品。

沙漠英雄花

仙人掌科植物为了适应干旱沙漠生活条件，植物体呈多汁肉质，以贮藏水分；叶形成针状，以防水分大量蒸发。这些植物称为仙人掌植物。仙人掌植物原产美洲或非洲，国内大量引种，少数为野生。作为观赏植物仙人掌品种繁多，许多珍贵品种已成为人们桌上宠物。

仙人掌类植物原产干旱或半干旱地区，常具有在干旱季节休眠的特性，雨季来临时，它们迅速吸收水分重新生长，并开放出艳丽的花朵。它们的叶子变异成细长的刺或白毛，可以减弱强烈阳光对植株的危害，减少水分蒸发，同时还可以使湿气不断积聚凝成水珠，滴到地面被分布得很浅的根系所吸收；

茎干变得粗大肥厚，具有棱肋，使它们的身体伸缩自如，体内水分多时能迅速膨大，干旱缺水时能够向内收缩，既保护了植株表皮，又有散热降温的作用。气孔晚上开放，白天关闭，减少水分散失。茎干大多变成绿色，代替叶子进行光合作用。通常根系发达，具有很强的吸水能力。正是这些形态结构与生理上的特性，使仙人掌类植物具有惊人的抗旱能力。

别看仙人掌的奇形怪状加上锐利的尖刺，使人望而生畏，但它们开出的花朵却分外娇艳，花色丰富多彩。如长鞭状的"月夜皇后"，开白色的大型花朵，直径达 50～60 厘米。被人们喻为"昙花一现"的昙花，就是原产中、南美洲热带森林中一种附生类型的仙人掌类植物。

仙人掌以花取胜只是培养者喜爱它的一个原因，而形状、颜色各不相同的刺丛与绒毛更是许多观赏者的宠爱。尤其是一些鲜红、金黄的刺丛与雪白的绒毛品种，千姿百态更受观赏者的喜爱。难怪有人称它们为"有生命的工艺品"呢！

墨西哥素有"仙人掌之国"的美称。仙人掌是墨西哥的国花。相传仙人掌是神赐予墨西哥人的。仙人掌有"沙漠英雄花"的美誉。仙人掌类植物全世界有 2000 多种，其中一半左右就产在墨西哥。高原上千姿百态的仙人掌在恶劣环境中，任凭土壤多么贫瘠，天气多么干旱，它却总是生机勃勃，凌空直上，构成墨西哥独特的风貌。什么病虫害都别想侵害它。它全身带刺，具有顽强的生命力，坚韧的性格，有水、无水、天热、天冷都不在乎，不仅如此，还能在翡翠状的掌状茎上开出鲜艳、美丽的花朵，这就是坚强、勇敢、不屈、无畏的墨西哥人民的象征。

为了展示仙人掌的风采，弘扬仙人掌精神，每年 8 月中旬墨西哥人都要在墨西哥首都附近的米尔帕阿尔塔地区举办仙人掌节。节日期间，政府所在地张灯结彩，四周搭起餐馆，展售各种仙人掌食品。

在每 100 克可食仙人掌中，约含维生素 A 22 毫克，维生素 C 16 毫克，蛋白质 1.6 克，铁 2.7 毫克，可以产生 25～30 千卡（105～126 千焦）的热量。近年来，许多国家已开始用仙人掌治疗动脉硬化、糖尿病和肥胖症，并且取得了很好的效果。据说，这主要是由于仙人掌所含的维生素能抑制脂肪和胆固醇的吸收，并可以减缓对葡萄糖的摄取。

仙人掌在我国作为药用首载于清代赵学敏所著的《本草纲目拾遗》中。据该书记载，仙人掌味淡性寒，功能是行气活血，清热解毒，消肿止痛，健脾止泻，安神利尿，可内服外用治疗多种疾病。清代刘善术著的《草木便方》中记载，仙人掌苦涩性寒，五痔泻血治不难，小儿白秃麻油擦，虫疮疥癞洗安然。《本草求原》记载：寒，消诸痞初起，洗痔。

《陆川本草》记载：有消炎解毒、排脓生肌的作用，用于疮痈疖肿咳嗽的治疗。《岭南采药录》记载：仙人掌焙热熨之，用于治疗乳痈初起结核。《闽南民间草药》中说，用仙人掌鲜全草适量，共捣敷患处，治透掌疔。《广西中草药》记载：仙人掌止泻，治肠炎腹泻。

《闽东本草》记载：能祛痰、解肠毒、健胃、止痛、滋补、舒筋活络、疗伤止血。治肠风痔漏下血、肺痈、胃病、跌打损伤。《湖南药物志》记载：仙人掌消肿止痛、行气活血、祛湿退热生肌。

《中国药植图鉴》记载：仙人掌外皮捣烂，可敷火伤，急性乳腺炎并治足胝。煎水服，可治痢疾。《分类草药性》记载：专治气痛，消肿毒、恶疮。《贵州民间方药集》记载：仙人掌为健胃滋养强壮剂，又可补脾、镇咳、安神。治心胃气痛、蛇伤、水肿。从资料记载可以看出，仙人掌治疗疔疮肿毒的作用显著。现有报道除用于痢疾、哮喘、胃痛、肠痔泻血外，还用于肾炎、糖尿病、心悸失眠、动脉硬化、高血压、肥胖症及肝病的辅助治疗。

仙人掌生长在热带，对强光有很强的吸收作用，强光中有我们说的可见光和不可见光，而电脑和手机的电磁辐射也是容易被它吸收的不可见光。另外它的刺会发出负离子，中和有害的正离子。实际上放在电脑显示器附近的仙人掌的针刺只能吸灰。不过，它确实喜欢这种辐射，在辐射源附近它会生长得很好，特别是在有阳光照耀的时候。所以小的盆栽仙人掌同样可以吸收辐射，只是量的问题，你可以多摆几盆。另外电脑辐射的最强地带是键盘，所以在键盘旁边放一盆比较适合，不过手就要特别小心了。在电脑显示屏的后背也是辐射较强地带。

仙人掌从野生到被广泛移入室内栽培，反映了城市居民选择盆花品种的一种趋势。因楼房面积有限、空气干燥，培养大型或比较娇嫩的盆花常常生长不

好，只有选择一些小型、耐旱、管理简便而观赏价值又高的品种最为适宜，仙人掌类植物正好符合这几种要求。

室内盆栽仙人掌，以选择小型、花多的球型种类为宜，栽培中不能认为这类植物耐旱，而忽略对它的正常浇水与施肥。室内栽培，可在窗台上用铁丝与塑料薄膜营造一个高温、高湿的封闭式空间，大多数仙人掌在这样的条件下不仅生长快而且色泽晶莹。

盆栽用土，要求排水透气良好、含石灰质的沙土或沙壤土。新栽植的仙人掌先不要浇水，每天喷雾几次即可，半个月后才可少量浇水，一个月后新根长出才能正常浇水。冬季气温低，植株进入休眠时，要节制浇水。开春后随着气温的升高，植株休眠逐渐解除，浇水可逐步增加。每10天到半个月施一次腐熟的稀薄液肥，冬季则不要施肥。

在一般的住宅条件下，充分利用空间，培养几十盆各种各样的仙人掌，布置一个小小的"仙人掌花园"并不困难。当春夏之交，窗台上形形色色的仙人掌开放出琳琅满目的花朵，人们工作之余，在这样的条件下休息，不仅可以消除疲劳，而且可以说是一种对自然美的享受。

沙漠"樱桃"

去过内蒙古以及西北地区的人们，一定见过一类叫做白刺的植物。也许你当时不知道它的名字，或者熟视无睹，但它肯定在你的眼前视野中出现过。

白刺是一种典型的荒漠植物。它匍散的身躯，多而又密的分枝，护住一个个小沙丘、小荒坡。它不怕沙埋土掩，枝条在被沙埋土掩之后，极容易向下生出不定根，向上萌生不定芽，枝端也继续向上生长。这样沙积多高，它就爬高多少。它的枝条白白的，长着一簇一簇肉嘟嘟鲜嫩可爱的小叶片。这些鲜嫩的叶片营养丰富，本应是牛、羊、骆驼喜食的很好的饲料。但无奈白刺只肯一点一点地施舍给它们，因为小枝顶端几乎无一例外地都硬化成的枝刺不答应。白刺不炫耀它的花朵，它的花小，只有 5 个白色的小花瓣。许多小花组成蝎尾状聚伞花序，看上去密密的一小片。白刺结的果肉质多汁，里面含一粒种子，可称为浆果状核果，熟时暗红色，汁液丰富。白刺果实酸甜可食，可治肺病和胃病；也能用以酿酒和制醋；果核还可榨油。

在白刺的同属兄弟中，大白刺的果实个头最大，直径 15~18 毫米，且酸甜可口，故有"沙漠樱桃"之称。如果让猪吃大白刺果实，有催肥之效。人类现在都流行减肥，也许就不适合吃了。

另外，还有一种常见的叫小果白刺，又叫西伯利亚白刺。顾名思义，它的分布远及西伯利亚，在我国华北及东北沿海盐碱沙滩也有。它同白刺、大白刺的区别除果实小一半之外，叶片却以多一倍的数量簇生在一起，白刺、大白刺 2~3 枚簇生，小果白刺 4~6 枚簇生。

无论白刺、大白刺，还是小果白刺，它们都是沙漠和盐碱地区重要的耐盐固沙植物。它们耐盐碱、耐沙埋；它们积聚流沙和枯枝落叶而固定的沙丘，人们称之为白刺包。据观察，白刺包固定的沙丘和其他的沙丘相比是最牢固有效的，别的植物的枝条大多高傲地向上伸展着，只顾生长自己的，而白刺却不同，它用全身的枝条护压着沙丘，它要同沙尘暴作斗争。

白刺，真可谓沙丘的守护神，荒漠的卫士。

沙漠的"仙人球"

金琥别名黄刺金琥，是仙人掌科、金琥属中最具魅力的仙人球种类。栽植中还有几个主要变种，如白刺金琥、狂刺金琥、短刺金琥、金琥锦、金琥冠等。

金琥原产墨西哥沙漠地区，现我国南方、北方均有引种栽培。金琥性喜阳光充足，肥沃、透水性好的沙壤土。夏季高温炎热期应适当蔽荫，以防球体被强光灼伤。

金琥茎球状，球体深绿，密生黄色硬刺，球顶部密生金黄色的绵毛；花黄色，顶生于绵毛丛中，同等大小，非常美丽壮观；果被鳞片及绵毛，种子黑色光滑。

金琥喜含石灰质的沙壤土，可用等量的粗沙、壤土、腐叶土及少量陈墙灰混合配制。每年应进行一次翻盆换土和剪除老根。3月中旬将球从盆中取出，剪除老根，勿伤主根；剪好后，放在通风处晾4～5天，使剪口风干；翻盆使用的新培养土，宜用发酵后的畜、禽粪肥作基肥，加入煤灰、草木灰及少量动物骨粉等混合拌匀；盆要用阳光晒、蒸煮和喷药等办法进行消毒处理，以防烂球。

金琥性喜阳光，但夏季宜半荫，当气温达到35℃以上时，中午前后应遮阴，避免强阳光灼伤球体。在上午10时以前或下午5时以后，可将它置于阳光下，促使多育花蕾，并可避免过分遮阴，球体变长而降低观赏价值。越冬温度保持8～10℃，并保持盆土干燥。温度太低时，球体会产生黄斑。夏季防雨淋。

夏季是金琥的生长旺季，需水量增加。如遇干旱要勤浇水，时间最好是在清晨和傍晚，切忌在炎热的中午浇过凉的水，易引起"着凉"而致病。如中午盆土过干，可少喷水使盆面湿润即可，不能向球的顶部及嫁接部位喷水，以免积水腐烂。生长期内，半月左右施1～2次含氮、磷、钾等成分的稀薄肥液，结合浇水使用。有机肥要充分腐熟，浓度适当。

金琥生性强健，抗病力强，但夏季由于湿、热、通风不良等，易受红蜘蛛、介壳虫、粉虱等病虫危害，应加强防治。对红蜘蛛，用40%乐果或90%敌百虫

（美曲膦酯）1000～1500 倍液喷雾防治。发现介壳虫、粉虱等为害时，可进行人工除杀。

金琥寿命很长，栽培容易，成年大金琥花繁球壮，金碧辉煌，观赏价值很高。而且体积小，占据空间少，是城市家庭绿化十分理想的一种观赏植物。

养护金琥注意事项

（1）选用排水、透气性能良好的培养土。盆栽可用腐叶土2份、沙土4份、园土3份、腐熟鸡鸭粪1份混合配制，并在盆底放少量碎骨粉或贝壳粉作基肥。

（2）光照、温度要适宜。金琥喜阳光充足，生长季节需放在向阳处养护，夏季宜半荫，在强光直射下易灼伤。若长期放在光线不足的环境下，则球体会变长，缺乏生气，降低观赏价值。冬季也需放在室内阳光充足处，温度以 8～10℃ 为好，最低不得低于4℃。

（3）水肥要适量。春季和初夏，可适当浇水，并追施少量腐熟稀薄液肥和复合肥化肥。盛夏气温达38℃以上时，植株进入夏季休眠期，这时要控制浇水、停止施肥，待秋凉后方可恢复正常水肥管理。冬季更需严格控制浇水，保持盆土不过分干燥即可。金琥的繁殖，可用嫁接法。嫁接时，选2年生至3年生三棱箭作砧木，用直径约1厘米的金琥小球作接穗。嫁接方法同一般仙人球。嫁接成活后，经过几年的培养，球长得很大，砧木支持不住时，将球带一小段砧木（3～5厘米）切下，稍晒干后再行扦插。生根后上盆栽植，随即成为一株十分优美的仙人球。

沙漠"储水罐"

巨人柱属仙人掌科植物。原产美国亚利桑那州等地。本种以挺拔高大著称，其垂直的主干高达 15 米。

在沙漠里，作为"形重达数吨，能活200年"的巨大柱，茎干具有极强的储水能力。一场大雨过后，一株巨大的巨人柱的根系能吸收大约1吨水。

像"天使"的巨人柱仙人掌举着臂膀站在那里，可不是孤零零给活在不毛之地的秃鹰歇脚用的——它们饱含生命汁液，组成了沙漠里密布如林的"给养罐"。雨后数小时之内，很多仙人掌就会伸出新生的小根来，饱饮雨滴。这种植物手风琴一般的枝干结构可以吸收富余的水分而膨胀，正如钝尾毒蜥用超大号的膀胱来储水，可张可弛的尾巴里则塞满食物养分。在最干燥的5月和6月，当上个冬季的雨水已成为大多数生命的遥远记忆，巨人柱仙人掌，还有个头比它们更大的南方同仁摩天柱仙人掌，就会给自己戴上华美的白色花冠，甘露满盈。这些花蜜滋养了鸟类、昆虫，尤其是蝙蝠，它们则为仙人掌传播花粉作为回报。花谢果熟，饱满多汁，受益的生灵就更多了，从鬣蜥到草原狐都得以补充食物和水分，坚持到夏季雷雨降临。进食完毕，动物们便退避到这片沙漠特有的那许多小型树木中间，小叶假紫荆、蓝花假紫荆、猫爪金合欢、铁木或是腺牧豆树，随便找一丛躲进去休息。一番消化之后，排出满是种子的粪便，落在树荫里——恰好就是巨人柱仙人掌和摩天柱仙人掌在柔弱幼年时成长所需的地方。假如生命在这里真的是命悬一线，一棵巨人柱仙人掌又怎能每年结出数百万粒种子，一活就是250年？面对严酷环境，依然有各式各样的生物群落能够找到办法，活得欣欣向荣，远不止是苟且偷生。

沙漠 "神树"

胡杨是杨柳科植物，是一种杨树。它的奇特之处在于它有三种叶子，一种像杨树叶，一种像柳树叶，还有一种既像杨树叶又像柳树叶。胡杨叶子的这种异形现象在植物界是非常罕见的，所以胡杨又叫异叶杨。

生活在沙漠中的唯一的乔木树种——胡杨，自始至终见证了中国西北干旱区走向荒漠化的过程。而今，虽然它已退缩至沙漠河岸地带，但仍然是被称为"死亡之海"的沙漠的生命之魂。

胡杨曾经广泛分布于中国西部的温带暖温带地区，新疆库车千佛洞、甘肃敦煌铁匠沟、山西平隆等地，都曾发现胡杨化石，证明它是第三纪残遗植物，距今已有 6500 万年以上的历史。如今，除柴达木盆地、河西走廊、内蒙古阿拉善一些流入沙漠的河流两岸还可见到少量的胡杨外，全国胡杨林面积的 90% 以上都蜷缩于新疆，而其中的 90% 又集中在新疆南部的塔里木盆地——一个被称为"极旱荒漠"的区域。

胡杨虽然生长在极旱荒漠区，但骨子里却充满对水的渴望。尽管为适应干旱环境，它有许多改变，例如叶革质化、枝上长毛，甚至幼树叶如柳叶，以减少水分的蒸发，因而有"异叶杨"之名。然而，作为一棵大树，还是需要相应水分维持生存。因此，在生态型上，它还是中生植物，即介于水生和旱生的中间类型。那么，它需要的水从哪里来呢？原来，它是一类跟着水走的植物，沙漠河流流向哪里，它就跟随到哪里。

而沙漠河流的变迁又相当频繁，于是，胡杨在沙漠中处处留下了曾驻足的痕迹。靠着根系的保障，只要地下水位不低于 4 米，它依然能生活得很自在；在地下水位跌到 6~9 米后，它只能强展欢颜、萎靡不振了；地下水位再低下

去，它就只能辞别尘世。所以，在沙漠中只要看到成列的或鲜或干的胡杨，就能判断这里曾经有没有水流过。正因为如此，有人将胡杨称为"不负责任的母亲"，它随处留下子孙，却不顾它们的死活。其实，这也是一种对环境制约的无奈。

塔里木盆地的胡杨，特别是塔里木河沿岸的胡杨，是地球上胡杨最多的一片分布区，曾经十分辉煌。西汉时期，楼兰的胡杨覆盖率至少在40%以上，人们的吃、住、行都得靠它。清代，仍"胡桐（即胡杨）遍野，而成深林"。但从20世纪50年代中期至70年代中期的短短20年间，塔里木盆地胡杨林面积由52万公顷锐减至35万公顷，减少近1/3；在塔里木河下游，胡杨林更是锐减70%。

在幸存下来的树林中，衰退林占了相当一部分。造成这种结局的原因，主要还是人类不合理的社会经济活动。胡杨及其林下植物的消亡，致使塔里木河中下游成为新疆沙尘暴两大策源区之一。

幸运的是，人们已从挫折中吸取了教训，开始了挽救塔里木河、挽救胡杨林的行动。向塔里木河下游紧急输水已初见成效，两岸的胡杨林开始了复苏的进程。

面积近39万公顷的塔里木胡杨林保护区已升级为国家级自然保护区；轮台胡杨公园也升级为国家森林公园；以胡杨林地为主体的塔里木河中游湿地受到国际组织的关注，并列为重点保护的对象。第一次受到人类如此高规格礼遇的胡杨林，一定不会辜负人类的期待，将重展历史的辉煌！

维吾尔族人民给了胡杨一个最好的名字——托克拉克，即"最美丽的树"。它的美丽，源自它们面对干旱的顽强和悲壮，而保护和发展胡杨的美丽，则是我们人类不可推卸的责任和义务。

沙漠"梅花"

梭梭古称琐琐或锁锁，是一种久负盛名的西北地区沙漠植物。

梭梭是一种灌木或小乔木，高 1～4 米，有的高近 10 米，树干直径 50 厘米左右，这在沙漠中可算苍劲挺拔的了。为了适应沙漠生活，梭梭变化得很厉害。不仔细观察，你根本就找不到梭梭的叶子，在梭梭那些绿色的枝条上，只有一些对生的宽三角形的鳞片，它们就是梭梭已经退化的叶片。叶片光合作用的功能都由绿色的枝条取代了。每年春天，梭梭枝干上就萌生大量的绿色的嫩枝，这些枝条在夏天烈日下蒸腾的水分比起其他植物的大型叶片来可少多了，为了躲避冬天的严寒，一些当年萌生的枝条又会落掉。

梭梭不仅枝叶特殊，其花其果更有特色。梭梭的花单生叶腋，排在一个枝条上像一个穗状花序。梭梭每朵花有 5 个花被片，膜质、黄色。梭梭真正的花期不长，但奇特的是，梭梭的花被片在结果时不但不脱落，反而长得更大，背部还各有一个横生的翅。这些翅能帮助梭梭随风把果实传到很远的地方。梭梭的果实叫胞果，半圆球形。如果剥掉果皮和种皮，就会露出螺旋状的胚来。胚就是植物的胎儿，梭梭之胚螺旋形，像陀螺，很有意思。8～9 月，梭梭的那些背托宿存花被片上的果实，在枝条上一串串，一束束，犹如沙漠盛开了株株梅花。而且梭梭也确实像梅花傲雪一样坚强地面对风沙，所以人们都称赞梭梭是沙漠梅花。

梭梭分布在我国西北沙漠地区，如内蒙古西部、甘肃和新疆等地区，在轻度盐碱化的松软沙地上最为常见，在砾质戈壁、低湿的黏土地上也有。梭梭可是沙漠里的宝树，它分枝多，根粗壮，耐旱耐寒，耐沙埋土压，不怕风吹沙打，是沙漠里优良的防风固沙植物。

梭梭的枝条还是骆驼的饲料。梭梭枝条用做薪炭柴，燃烧值高、火力旺、冒烟少，故又曾有"沙漠活煤"之称。不过，现在我们可不提倡砍伐梭梭当柴烧，那样太浪费，尤其会破坏生态环境。我们只有让沙漠上梭梭长得更多更密，沙漠里绿色昂然，沙尘暴才不会掩埋我们的家园，人类才有幸福美好的明天。沙漠由于风多风大，风力发电已经能够解决人们生活中的能源问题。

还有一种白梭梭，又叫波斯梭梭，在我国仅分布在新疆古尔班通古特沙漠。它耐旱性强，但耐盐性不如梭梭。也是荒漠地区优良的防风固沙树种。

神奇的草药植物

我国劳动人民几千年来在与疾病作斗争的过程中，通过实践，不断认识了草药的价值。草药在历史上扮演了重要的角色。

药食同源——金樱子

金樱子别名山石榴、糖罐子、黄茶瓶、灯笼果，为蔷薇科植物。金樱子干燥成熟的果实，是一种由花托发育而成的假果，红熟时于 10~11 月间采摘，呈倒卵型，略似花瓶，长约 3 厘米，直径 1~2 厘米，外皮红黄色或红棕色，上端宿萼为盘状，下端渐尖，果皮外面有突起的棕色小点，是毛刺脱落的残痕，触之刺手。金樱子资源丰富，江苏、浙江、安徽、江西、湖南、四川、福建、广东、广西均有分布。

金樱子入药，历史悠久，中国历代本草书上均有记载。宋朝《嘉祐本草》《图经本草》《开宝本草》及明朝的《植物名实图考长编》均提到它味酸，平温无毒，久服令人耐寒轻身、益气。

金樱子含有丰富的糖类和维生素C，并含有苹果酸、枸橼酸及氨基酸，还含皂苷、鞣质及树脂类。其味酸、甘、涩，性平，无毒。具有固肾缩尿、涩肠止泻之功效，治滑精、遗尿、小便频数、脾虚泻痢、肺虚咳喘、自汗盗汗、崩漏带下等功能。用于遗精、遗尿、尿频、崩漏带下、久泻久痢等症。

金樱子配芡实为水陆二仙丸，可治疗肾虚遗精。金樱子配党参、黄芪、茯

苓、莲子肉、芡实、山药、白扁豆、薏苡仁、白术、甘草为加味参苓白术散，可治疗脾虚。本品还具有降低血清胆固醇及抑菌作用，其水煎剂用试管稀释法1∶3000~1∶200 的浓度对流感病毒及痢疾杆菌有抑制作用。

金樱子除药用外，古代还有作为食用

的记载。早在乾隆己丑、庚寅年歉收时，百姓用其充饥以活命。古方金樱酒具有滋补良效，味美，沿用至今。民间以此果片泡水，加适量糖作为饮料，酸甜适口，有消食补益之功能，近代亦有配以野菊花为主要原料生产的樱菊精，远销香港。

20世纪80年代江苏省植物研究所用此果研制的金樱子棕色素，应用于糖果、饮料（清凉饮料、香槟酒）等食品的生产，获得令人满意的效果。20世纪90年代，国家卫生部将金樱子列入《药食同源植物名录》。

价比黄金——三尖杉

三尖杉属三尖杉科，三尖杉属常绿乔木，叶形似杉，但柔软不刺手，枝端冬芽呈三个排列，春天小枝分三叉生长，故名三尖杉。它树姿婆娑，端庄秀丽，形态奇特，叶背有两条银白色的气孔带，微风吹拂，银光耀眼，具有独特风姿。

三尖杉常自然散生于海拔500~1100米的山涧潮湿地带，属于古老孑遗植物。该树种木材坚实，纹理直，结构细密，为高级家具、室内装饰的良材。种子可榨油，出油率高，可供工业使用。同时种子也是驱虫、消积的良药。

经研究发现，三尖杉的根、茎、皮、叶内含多种生物碱，对治疗血癌（白血病）和淋巴肉瘤有特殊的疗效，故近年来，在医学界备受关注。其作用主要是由三尖杉提取出的三尖杉酯碱和高三尖杉酯碱有效单体，对白血

病的缓解率高达82%，而且安全有效。

随着全社会老龄化的到来，慢性非淋巴性白血病多见于老年人，患者越来越多，并具有低龄化的发展趋势。环境的变化及现代家居应用的化学性装饰材料的增加，也导致我国白血病患者日益增多。

目前对非淋巴性白血病主要采取以三尖杉酯碱和高三尖杉酯碱为主的联合化疗治疗方案，经临床使用多年证明，疗效显著。因此，对"双酯碱"的需求也进一步增加。据报道，100~150千克三尖杉干枝叶可提取1克"双酯碱"。在目前对癌症尚无更多特殊疗法的情况下，三尖杉更显珍贵。

三尖杉现存自然资源稀少，加之三尖杉为雌雄异株，结实量少，因此天然更新极为困难。我国经过多年的实验研究，总结出了一整套三尖杉种子的采收、加工、催芽、播种、育苗、造林技术，对保存和发展这一珍稀树种，提高中药抗癌药的国内外市场占有率，减少癌症患者痛苦，有着积极深远的意义。

正骨专家——罗裙带

罗裙带别名水蕉、朱叶兰、扁担叶、文兰树。罗裙带为草本，属石蒜科植物。它的药用部分是叶、鳞茎及根部。

罗裙带株高达1米，鳞茎圆柱形，茎10~15厘米，具多数须根。叶多肉质，带状披针形，反曲下垂，长可达1米，边缘波状，基部抱茎。花葶直立，高约与叶等，肉质，伞形花序顶生，有花10~24朵；总苞片2，披针形外折，长6~10厘米；白色，膜质；苞片多数成狭条形，长3~7厘米；花白色、芳香，筒部纤细直立，长4~10厘米；裂片6，条形，长4.5~9厘米，向顶部逐

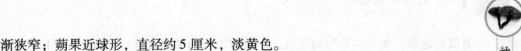

渐狭窄；蒴果近球形，直径约5厘米，淡黄色。

罗裙带分布在我国湖南、四川、福建、台湾、广东、广西等省区。各地都有栽培。生长在海滨、河旁沙地和林下。全年都可采收，鲜用或晒干。

罗裙带的全草和鳞茎均含生物碱，如石蒜碱、文殊兰碱等。具有抗癌、清热解毒、祛瘀止痛的功效。对治疗淋巴结炎、咽喉炎、头痛、跌打瘀肿、骨折、毒蛇咬伤等疾病有一定作用。

温中止痛的良药——吴茱萸

相传在春秋战国时期，吴国当时是个小国，每年都向楚国进贡物品。

有一年，吴国的使者将吴国的特产吴萸作为贡礼送给楚国。但贪婪的楚王喜欢的是金银珠宝，哪瞧得起这不显眼的区区"小草"，便大发雷霆，不容吴国使者有半句分辩，将他赶出宫去。当时楚国有位姓朱的大夫，与吴国使节是故交，就将其接回家中。吴国使者向朱大夫详细叙说了吴萸是吴国的上等药材，能治胃寒腹痛，止吐泻，因素闻楚王有腹痛的旧疾，故而献之，想不到楚王竟……

朱大夫好言劝慰，并留下吴萸，精心保管起来。次年，楚王因受寒突然旧病复发，腹痛如绞，冷汗直冒，满朝文武束手无策。朱大夫见机会已到，赶紧将吴萸煎汤让楚王服下。药到病除，楚王大喜，重赏朱大夫，并问起药的来源。朱大夫重提去年吴国使

者献药之事，楚王闻后后悔莫及，一面派人去向吴国道歉，一面命人广植吴萸。

几年后，楚国流行瘟疫，全国到处是腹痛吐泻的病人，大夫让病人用吴萸煎汤服之，得病之人均痊愈。楚王见吴萸帮了大忙，便传旨嘉奖朱大夫。楚国的老百姓为了感谢朱大夫，将吴萸改称为吴朱萸，后世的医药学家又在朱字上加上了草字头，正式取名为吴茱萸，并一直沿用至今。

主产长江以南地区的吴茱萸，别名曲药子、伏辣子、茶辣、臭泡子。生长于温暖地带山地、路旁或疏林下。为芸香科灌木或小乔木，高2.5~5米。幼枝、叶轴、叶柄及花序均长黄褐色长柔毛。羽状叶对生；小叶5~11厘米，长椭圆形或卵状椭圆形，长5~14厘米，宽2~6厘米，上面疏生毛，下面密被白色长柔毛，有透明腺点。花单性异株，密集成顶生的圆锥花序。骨突果紫红色，有粗大腺点，每果含种子1粒。花期6~8月，果期9~10月。

吴茱萸的果实含吴茱萸碱、吴茱萸次碱、羟基吴茱萸碱、吴萸内酯、辛弗林、吴茱萸烯等。其味辛、苦，性热，有小毒。有散寒止痛，降逆止呕，助阳止泻的功效。用于头痛、疝痛、脚气、痛经、脘腹胀痛、呕吐吞酸、口疮等症。

经验方选如下：

（1）治脚气疼痛，人感风湿，脚痛不可忍，筋脉水肿：吴茱萸10克，紫苏叶10克，槟榔7枚，陈皮（去白）30克，木瓜30克，桔梗（去芦）15克，生姜（和皮）15克。上药研细，水煎，每日五更时服，每煎分3~5次服。

（2）治牙齿疼痛：吴茱萸少量，煎酒，含漱。

（3）治高血压：吴茱萸研末，每次取18~30克，用醋调敷两足心，最好睡前敷，用布包裹。一般敷1次，重的敷2~3次，即显示降压效果。

（4）治脘腹疼痛，呕吐酸水：吴茱萸1克，黄连6克，水煎服。每日2~3次，每日1剂。

（5）治呕吐便秘：吴茱萸5克，干姜2克，水煎，分3次服，每日1剂。

感冒特效药——紫锥花

紫锥花是原生长于北美的一种菊科植物，也叫松果菊。印第安人把它用于治疗伤口和呼吸道感染。19世纪后期以来，这种植物常被用于治疗感冒、梅毒等一系列病症。

紫锥花的主要作用是可以提高人体抵抗病毒和病菌感染的能力。从它根茎榨出的汁能提高人体的免疫能力。现在，许多人用它来预防和治疗感冒与流感。

这种植物含有不少的活性化合物，包括菊粉、多糖和脂肪酸。其中所含的某些成分能加快白细胞的产生和提高它的活性，而白细胞的作用就是攻击和消灭血液中的细菌及其他致病物质。紫锥花还有助于控制免疫系统活动的化学物质细胞因子（Cytokines）的加快生成。

人们正尝试利用紫锥花来治疗癌症等疾病。一些实验研究发现，紫锥花可刺激白细胞间介素、干扰素和肿瘤坏死因子（控制癌细胞生长的化学物质）的释放。紫锥花是否有抗癌作用尚不清楚，而且用药标准及其毒性也尚不知道。

使用紫锥花时最好在医生指导下使用，特别是患狼疮等自身免疫疾病或AIDS、肺结核时。

百草之王——人参

　　人参是珍贵的中药材，以"东北三宝"之首驰名中外，在我国药用历史悠久。长期以来，由于过度采挖，资源枯竭，人参赖以生存的森林生态环境遭到严重破坏，因此古代的山西上党参早已灭绝，东北野生人参也处于濒临灭绝的边缘。

　　人参的学名 Panax 来自希腊文 Panacea，意指"万能药"。在我国，食用人参已有很久的历史，早在《神农本草经》里就将它列为上品。唐朝时人们就开始从朝鲜购入野生人参。中药材行业在经营中是按人参的品质及产地和生长环境不同，把人参分为野生人参、园参和高丽参 3 个品种。人参按照加工方法还可以细分为生晒参、红参和糖参等。

　　人参是名贵补药，久服健身延年，有很大的医疗价值和经济价值，但是，由于长期过度采挖，天然分布区缩小，以"上党参"为代表的中原产区即山西南部、河北南部、河南、山东西部早已绝灭。目前，东北的野生人参也极罕见，因此，保护本种的自然资源有其特殊的重要意义。

　　人参大约有 700 种。生长在热带和气候温和的地方，常见于美洲和亚洲。人参的根具有特殊的医疗作用。用于医疗的人参主要有两种：亚洲人参（亦称中国参或高丽参）和西伯利亚人参。美国医疗常用到的是美国人参，叫作西洋参。

中国人参中含有多种化学物质，它们共同作用产生良好的疗效。现已确定，超过 12 种的人参皂苷可以提神、解除压力和增强体力及智力。人参中的其他化合物可以降低血糖和提高免疫系统功能。

人参能对肾上腺产生作用，可用做壮阳药和"减压药"（解除精神压力）。

西伯利亚人参用于预防感冒、流感和呼吸道感染。某些人声称，它能增强精力和耐力。这种草药中的一组化合物五加苷，也有生理疗效。西伯利亚人参与亚洲人参一样，可以提高肌肉耗氧能力，从而减少人体中的毒素。

人们食用人参已有很久的历史了，只是它的功效被大大地夸大了。西方国家进行的科学研究，还没有得出可以确认人参这些生物活性的数据。过量食用人参会毒害身体，例如使人呕吐、出血，甚至致死。试管实验显示，人参可以刺激免疫细胞和活化天生杀手细胞，来抑制肿瘤的生长。

人们发现，人参皂苷中的一种化合物有增强某种化疗药物顺铂预防卵巢癌扩散的能力。

1990 年，韩国研究发现，食用人参的人患癌症的可能性小于那些不食用的。研究还发现，人参提取液和人参粉末的功效比新鲜的人参切片、人参汁或人参茶的功效好。韩国人把人参加入到日常食物中，使韩国人降低了患胃癌的危险。

由于中药产品不受《药品管理法规》约束，许多人参制品中的有效成分达不到治疗的功效，夸大其词，说明的有效成分与其制品中所含的有效成分相差甚远。实验发现，一些人参制品中根本就不含有人参根，其功效大打折扣，因此，在服用人参制品时要特别谨慎。

人参作为一种刺激物，能引起神经紧张或兴奋，因此临睡前不要食用。食用人参时，不要饮用咖啡或其他含咖啡因的饮料。患有高血压或头痛病的人亦避免食用人参，它可能加重病情。如果考虑服用人参，请咨询医生。

人参喜冷凉、半阴半阳之处生长，怕积水，忌干旱，耐寒，忌强光直射。栽培时需搭设荫棚。参畦以上午 8 时前和下午 6 时后进阳光为宜，中午强光直射则会造成参叶焦枯。适宜在 25℃ 以下气温中生长。森林腐殖土最适宜栽参，

农田土加入充分腐熟的猪粪、堆肥等凉性肥料也可种植。柞、椴、榛等阔叶林地，土壤为中性或弱酸性适合种植人参。农田栽种人参，前茬以种过禾本科及豆科，如玉米、高粱、谷子、大豆、小麦等地为好。栽种过人参的土地短期内不宜再栽种人参。

人参种子采摘下来就可以播种，自然种植要经过20~21个月才能发芽，经过人工催芽处理8~9个月才能发芽。因人参种子有胚后熟、生理后熟两个过程，完成此过程需要一定的温度、湿度条件。

在田间条件下，将种子播在5厘米厚土中，土壤湿度35%左右，从播种到种子裂口，土壤的温度为17~18℃为宜。此时土壤温度由高到低的变化大致可分为三个阶段：即播种到种胚目视可见圆点为第一阶段，此时平均温度21℃左右；从目视种胚可见圆点到占乳的1/2为第二阶段，平均地温在17.4℃左右；第三个阶段是种胚占胚乳的1/2到裂口，此时胚乳仍继续生长一个阶段，再通过3个多月的低温（5℃左右），至春季气温上升11.8~15.2℃时，20天左右萌发率可达90%以上。

药用一把伞——天南星

天南星别名一把伞、南星。为草本植物，属天南星科。药用部分是它的块茎。

天南星株高40~90厘米。叶一枚基生，叶片呈放射状分裂，裂片7~20，披针形至椭圆形，长8~24厘米，顶端具线形长尾尖，全缘；叶柄长，圆柱形，肉质，下部成鞘，具白色和散生紫色纹斑。总花梗比叶柄短，佛焰苞绿色和紫色，有时是白色条纹；肉穗花序单性，雌雄异株；雌花序具棒状附属器、下具多数中性花；无花被，子房卵圆形；雄花序的附属器下部光滑和有少数中性花；

雄蕊 2~4 枚。浆果红色、球形。

　　天南星有 2000 余种，主要生长在热带地区，在我国南方省区都有分布，约 200 多种。印度、缅甸、泰国北部也有。生于山野阴湿处或丛林之下。秋、冬采挖，刮净外皮，晒干。

　　天南星的块茎含三萜皂苷、苯甲酸、黏液质、氨基酸、甘露醇、生物碱。果实含类似毒蕈碱样物质。

　　天南星有祛风定惊、化痰消肿散结的功效。主治中风半身不遂、癫痫、惊风、破伤风、跌打损伤或虫蚁咬伤等病症。同时还具有观赏价值。

清热润肺——贝母

　　贝母又名平贝母、平贝。为多年生草本植物，属百合科。药用部分是它的鳞茎。

　　贝母的鳞茎圆而扁平，由 2~3 瓣鳞片组成。茎直立，高约 40 厘米。中部叶轮生，上部叶常成对或全为互生。叶呈条形，长达 15 厘米，宽 0.2~0.6 厘米，顶端卷曲成卷须状。全株有花 1~3 朵，单生于叶脉，花梗细，下垂；叶状苞片 4~6 片；花窄钟形，外面深紫色，内面淡紫色散有黄色方格状的斑纹，花被 6 片，长圆状倒卵形，长 2~3 厘米，宽 0.5~1 厘米，外花被较内花被稍长；花柱有乳突；雄蕊 6 枚；果食倒卵形，有 6 棱。

　　贝母按产地和品种的不同，可分为川贝母、浙贝母、土贝母和伊贝母 4 大类。生于林下湿润之处。现在大量人工栽培。初夏采挖、去杂质、晒干。

　　新疆贝母属伊贝母，是一种与川贝、浙贝齐名的贵重中药材。其中包括：伊犁贝母、费尔干贝母、滩贝母等几个品种，现统称为新疆贝母。除滩贝喜生于沙滩涯地外，其他贝母多生于草原山地及灌木丛下。伊贝主产于伊宁、霍城；

费尔干贝母在新疆许多地方都有分布；滩贝母主产于霍城、察布查尔。

早在清代，新疆贝母便已被开发利用。当时以北疆地区的昌吉、齐台县为集散市场，通过古丝绸之路的北线，用骆驼、马驮，远销天津等口岸，通称"古贝"。由于数量极少，价格昂贵。

过去，新疆贝母多为野生。为了适应国内医疗保健事业和出口外销的需要，医药科研部门在 20 世纪 50 年代末期即开始人工栽培实验，并取得成功。

常用的化痰止咳药，为百合科植物川贝母和浙贝母的干燥鳞茎。川贝母主产于中国的四川、云南、甘肃等地；浙贝母主产于中国的浙江、江苏、安徽等地。川贝母味苦、甘，性微寒；浙贝母味苦，性寒。归肺、心经。功效化痰止咳、清热散结。主治热痰咳嗽、外感咳嗽、阴虚咳嗽、痰少咽燥、咳痰黄稠、肺痈、乳痈、痈疮肿毒、瘰疬等症。现代药理实验证明，贝母有镇咳、降压、升高血糖等功效。

食用美人蕉——姜芋

姜芋别名蕉芋、芭蕉芋、蕉藕、食用美人蕉、食用莲蕉。为草本，属美人蕉科植物。药用部分是它的根状茎。

姜芋株高约 1 米，根状茎块状。茎通常紫色，具白粉霜。单叶互生、长圆形或卵状长圆形，长 10～25 厘米，顶端渐尖，基部楔形至圆形，全缘或浅波状，羽状侧脉明显，边缘和叶下面常带红色。总状花序顶生，苞片长圆形，常披蜡质白粉；小苞片 2 片；花红色，萼片 3 片，长约 4 厘米，披针形，淡绿色；花冠裂片 3 片，长约 4 厘米，外轮退化雄蕊 3，长 5~5.5 厘米，花瓣状，退化雄蕊成唇瓣，顶端 2 浅裂，发育雄蕊 1，具花药。蒴果倒卵形，具小瘤体。

姜芋原产南美洲及西印度群岛，我国南部、西南部地区及安徽、浙江等省都有栽培。全年都可采挖，晒干或鲜用。

姜芋有清热利湿、安神降压、解毒消肿、健脾胃的功效，主治肝炎、神经官能症、高血压、遗精、遗尿以及妇女月经不调、慢性痢疾、腹泻等。

服用期间不宜食鱼虾、辛辣菜、荤菜等。

是地就长——知母

知母别名平胡子根、蒜瓣子草。为多年生草本植物，属百合科。药用部分是它的根茎。

知母的根茎横走，上残留许多黄褐色纤维状旧叶残茎，下部有多数肉质须根。叶基生、长线形，长可达 70 厘米，顶端渐尖，基部常扩大呈鞘状。花葶单一，疏生鳞状小苞片，花 2~6 朵簇生，在花葶上排列呈穗状，淡紫色或淡黄白色，多于夜间开放；花被 6 枚、2 轮，外轮具紫色条纹，内轮淡黄色；雄蕊 3，子房 3 室。果长圆形，种子黑色。

知母广布于辽宁、吉林、黑龙江、陕西、甘肃、内蒙古、河北、河南、山东、山西等省区。生于向阳山坡及丘陵地带。秋季挖取根茎，剪去地上部分，去浮泥土晒干。知母的根茎含有 6 种皂苷，即知母皂苷 A1~A4 和 B1~B4，此外，尚含黄酮、鞣质、黏液质、烟酸、胆碱及脂肪油等。知母具有生津润燥、清热泻火、抗菌、降糖、解热等功效。用于治疗糖尿病以及慢性支气管炎等疾病。

知母是地就长，不论荒山、荒坡、荒原、草原、沙滩、林间、丘陵、坡地都能生长，适应多种环境，并郁郁葱葱，也是封山绿化和改造水土流失的一个好品种。

别名三步跳——半夏

半夏是我国中药宝库中的重要药材，别名地文、三步跳、半子、和姑、蝎子草、麻芋子。半夏为草本，属天南星科植物。药用部分是它的块茎。

半夏株高 15～20 厘米。叶 1～2 枚，从块茎顶端抽出；叶柄长 10～20 厘米，基部常着生珠芽；叶片卵状心形，2～3 年后的老叶为 3 小叶的复叶，小叶椭圆形至披针形，中间小叶较大。单性花同株，肉穗花序，花序梗比叶柄长，佛焰苞绿色或绿白色、下部细管状、不张开；雌花生于花序基部，贴生于佛焰苞；雄花生于花序上端，二者之间有一段不育部分，能育部分附属体长 6～10 厘米，细柱状。浆果卵形，绿色。

半夏除了在我国的东北、内蒙古、新疆、青海、西藏生长分布以外，全国各省区基本都有。国外朝鲜和日本也有分布。主要生长于山坡、草地、田中、路边、林下及石缝中。夏秋采挖除皮晒干为生半夏。

半夏的块茎中含天门冬氨酸、β-氨基丁酸、高龙胆酸及其葡萄糖苷、甲醛等。生半夏和制半夏有明显的镇咳、镇吐、祛痰作用，能抑制腺体分泌。主治喘咳痰多、呕吐、反胃等症。临床药理观察，对宫颈癌有一定疗效。

半夏为中国植物图谱数据库收录的有毒植物，其毒性为全株有毒，块茎毒性较大，生食 0.1～1.8 克即可引起中毒。因此，半夏应在医生指导下服用。

药酒珍品——地黄

　　地黄别名酒壶花、山烟、山白菜、甜酒棵、怀庆地黄。属玄参科植物，为多年生草本，全株披柔毛及腺毛，基生叶丛生，叶片倒卵状披针形或倒卵状椭圆形，顶端钝，基部窄，下延成柄，边缘锯齿，叶面多皱，深青色如山白菜状，茎生叶无柄，茎梢开小筒子花，红黄色，花柱单一，柱花膨大。蒴果，上有宿存花柱，外有宿萼包蔽。结实如小麦粒。根长 12～16 厘米，直径 2～3 厘米，皮为赤黄色。

　　我国大部分地区都有栽培，药用部分为根。秋季采挖，洗净烘至七八成干时，捏块，即为生地。将生地加黄酒，反复蒸晒，切片后晒干，即为熟地。

　　地黄的根内含环烯醚萜苷类、糖类、多种氨基酸、脂肪酸、微量元素等成分。

　　地黄有降低血糖及利尿、保肝强心、抗真菌等功效。民间多用于泡酒。

健脾补肾——山药

　　山药别名淮山药、山药蛋、怀山。为草质藤本，属薯蓣科植物。药用部分是薯蓣的块茎。

　　茎右旋，叶互生，至茎中部以上对生，稀叶轮生，形状变化较大，三角卵形、宽卵形或耳状三浅裂至深裂，中间裂片椭圆形或披针形，两侧裂片矩圆形或圆耳形，基部心形；叶柄长3.5～7.5厘米，叶腋间常有珠芽。5～8月份开花成穗，淡红色，花单性，雌雄异株，直立，2～4个腋生，苞片三角状卵形，花被6片，较小，椭圆形，背面具棕色毛和散生紫褐色腺点，雄蕊6枚，雌花序下垂，每花基部有2枚大小不等的苞片，子房下位。蒴果有3翅，果翅长宽约1.5厘米，半月形。

　　山药在我国各地都有栽培。朝鲜、日本也有栽种。它生长在林缘或灌丛中。春秋采挖，去掉外皮及须根，晒干或烘干，即为毛山药。将毛山药润湿闷透搓揉成圆锥状，切齐两头，晒干打光，为光山药。

　　山药的块根含有薯蓣皂苷黏液质、胆碱、尿囊素和16种氨基酸、多酚氧化酶、维生素C。珠芽中含脱落素、多巴胺、酚型化合物和山药素。山药有健脾补肾的功效，主治脾虚久泻、糖尿病，小便频数及慢性肾炎等症状。

补益抗痨——黄精

黄精别名老虎姜、黄鸡菜、鸡头参、甜黄精。为草本植物，属百合科。药用部分是它的根状茎。

黄精株高 50～90 厘米。根状茎圆柱形，节间长 4～10 厘米，一头粗，一头细。茎叶轮生。每轮 4～6 枚，条状披针形，长 8～15 厘米，顶端拳卷或弯曲成钩。花序常具 2～4 花，呈伞形状，俯垂，总花梗长 1～2 厘米，花梗长 4～10 毫米；苞片膜质；花被乳白色至淡黄色，全长 9～12 毫米，合生长筒状，裂片 6，长约 4 毫米，雄蕊 6 枚。浆果直径 7～10 毫米，熟时黑色。

黄精广布于我国东北、河北、河南、西北以及山东、安徽、浙江等地区。朝鲜、蒙古、俄罗斯的西伯利亚东部也有。生于林下、灌木丛或山坡阴处。春、秋季采收、洗净、蒸至油润，晒干或烘干。

黄精的根状茎含有黄精多糖甲、乙、丙，均由葡萄糖、甘露糖、半乳糖醛酸结合而成，另含 3 种低聚糖、氨基酸、锌、铜、铁等。

黄精味甘，性微温，具有滋肾润肺、补脾益气、强筋骨、降血糖、填精髓、延缓人体衰老的功效。据现代药理研究发现，黄精能增强人体 T 细胞的作用，因而可增加免疫功能。据统计，常食黄精者高血压、冠心病、糖尿病的发病率明显低于普通饮食者。由于黄精还有很好的抗结核菌作用，因而是极好的补益抗痨佳品。

黄精的主要用法如下：黄精煲鸭协助治肺结核。患者消瘦，咳嗽，间有潮

热，乏力，舌质红，脉细数。可用黄精60克，白果（即银杏，去壳）12枚，蜜枣3枚，约重1千克的鸭1只（宰好，去毛及肠杂），文火煲90分钟，食肉饮汤，每日1次，配合抗结核药，有助于康复。

黄精膏服之益寿延年，明目补肾。可用黄精36克，枸杞子15克，冰糖32克，加水文火煲90分钟，熬成膏状，每日分2次服，每次2汤匙。由于黄精较滋腻，凡中寒泄泻、胃肠不适、痰湿痞满气滞者忌服。

起死回生——灵芝

《水经注·江水》载："天帝之爱好，名曰瑶姬，未行而亡，封于巫山之阳。精魂化为革，实为灵芝。"千百年来，中国人把灵芝视为吉祥长寿的象征，是有传奇疗效，能起死回生的灵丹妙药。

传说，秦始皇统一中国后，四处寻求长生不老药。徐福向秦始皇说，东海有个蓬莱岛，那里住着神仙，岛上长着灵芝仙草，吃后可以长生不老。秦始皇听后大喜，派徐福带领3000名童男童女，乘船到东海去采长生不老之药灵芝。徐福带领人马到东海，没有采到灵芝，因而一去不返。

神话故事《白蛇传》中的"盗仙草"一折，说的是白蛇和青蛇，在峨眉山修炼7000年思凡下山，到了人间后，白娘子与许仙结为夫妻。过端阳节，家家撒雄黄，挂菖蒲，白娘子受克变成白蛇，许仙被吓破了胆，昏死过去。白娘子为救活夫婿，飞身驾云到昆仑山，历经千辛万苦，盗到灵芝，救活了许仙。

《魏志·华佗传》斐松之注引中也提到一个灵芝的传说，有名樊阿者山中迷路，得仙人指点，服食灵芝之后，即刻精神飒爽，终于走出了大山。日后得享高龄且精力旺盛过人。在称为佛国仙山的四川峨眉山上有一处地质奇观——猪肝洞，在洞内岩石顶上，有一暗紫色巨石高悬，状若灵芝，相传当年吕洞宾在此隐居即是靠饮此"灵芝"下滴的仙水而羽化成仙的。《峨眉县志》对此有记载："紫芝洞在罗目废县（罗目曾为峨眉治所，后废，今为罗目镇）之南，入山里许……昔纯阳居之。"

灵芝不仅仅给人们留下了许许多多美丽的神话故事，而且还是**中药材最**名贵的品种之一，甚至被称之为灵芝仙草，可见它在人们心目中的地位有多高。1800多年前，最早的药典《神农本草经》中，灵芝是被列在人参之上的圣药。明代李时珍在《本草纲目》中也极为推崇灵芝，说灵芝能补中气、补肝气、益心气、益肾气。

1958年黄山有位老药农向毛泽东主席敬献灵芝，郭沫若并为此写诗：人间大跃进，灵芝动凡心。愿将千年体，献给英雄人。

近代，我国是世界上最早开展灵芝研究的国家。经过国内外研究证明，灵芝含有独特的高分子多糖，能增强机体免疫功能，改善血液循环，提高对心脑的供血供氧能力，提高细胞组织生理功能，安神，压惊，解毒，调节人体机能正常化，缓和器官老化，从而延年益寿。在临床上对防癌、抗癌及治疗肝炎都具有特效。灵芝还对高血压、糖尿病、心血管病具有调节功效。现代科学技术的发展必将进一步促进灵芝的开发利用。

灵芝属真菌植物，和蘑菇、鸡枞同为一个家族。灵芝形态优美，细长的菌柄支撑着圆形或肾形的菌盖。菌盖闪烁着亮丽光泽，有着道道美丽的环形的花纹。野生灵芝比蘑菇、鸡枞难以寻觅。民间流传说："要采到灵芝，要身穿白衣白裤，头戴白帽，脚穿白鞋，手牵白狗，怀抱白鸡，肩负白盐，身带灵宝符，才能采到灵芝。"随着科学技术的进步，实现了灵芝人工栽培技术。云南成桂生物制品基地建成规模较大的灵芝人工培育基地。云南世博园中的药草园里陈列着的菌盖达53厘米的灵芝王，堪称灵芝之最。

天然抗生素——鱼腥草

鱼腥草又名蕺菜，为三白草科一年生草本植物，其叶嫩绿，形似鸡心，地下根茎分节，活像一节节小藕。其味浓郁，呈鱼腥味，故名鱼腥草。

鱼腥草含一种天然的抗生素。现代医学研究表明，鱼腥草所含挥发油中的主要成分为甲基正壬基酮、月桂烯、月桂醛等，还有栎素。药理试验有抗菌、抗病毒作用。动物实验证明有利尿、消肿、镇痛、止血、止咳、抑制浆液分泌、促进组织再生作用，栎素还能扩张血管，用于治疗心绞痛。鱼腥草还用于治疗肺炎、肺脓肿、疟疾、淋病、痈肿、痔疮、湿疹、秃疮等多种疾病。

民间有不少用鱼腥草治病的单方验方，现介绍如下。

治扁桃体炎、咽炎：鲜鱼腥草泡水当茶饮，或烹食炒熟当菜吃。

治疗尿路感染、尿频涩痛：取鲜草50克或干品30克，煎服。

治肺脓肿：鲜草洗净炒菜吃，或用鱼腥草50克，桔梗12克，甘草6克，水煎服。

治急性支气管炎、肺结核、咳嗽痰中带血：用鱼腥草30克，甘草6克，车前草30克，水煎服。

治多种皮肤病：用鲜草捣汁涂敷，或煎汁口服，均有清热消肿、除痱止痒的作用。用全草煎水外洗治天疱疮、脚癣。

治痈疖发背、疔疮肿毒（不论已破溃或未破溃）：用湿纸包裹鲜鱼腥草，置于灰火中煨熟，取出捣烂，涂敷患处。

治子宫内膜炎、宫颈炎、附件炎赤白带及小腹痛：鱼腥草30~60克，蒲公英、忍冬藤各30克，水煎服。

治冠心病、心绞痛：鲜鱼腥草的根茎每次用 3~6 厘米放口中生嚼，一日 2~3 次，不但能缓解疼痛，亦能扩张冠状动脉血管。

治毒蛇咬伤：取鱼腥草60克，盐肤木根30克，黄仔叶根15克，飞扬草 30克，煎水外洗用于毒蛇咬伤。

良药——车前草

相传西汉时有一位名将叫马武。一次，他率军队去戍边征战，被敌军围困在一个荒无人烟的地方。时值 6 月，那里酷热异常，又遇天旱无雨。由于缺食少水，人和战马饿死、渴死的不少。剩下的人马也因饥渴交加，一个个小肚子胀得像鼓一般，痛苦不堪，尿像血一样红，小便时刺痛难忍，点点滴滴尿不出来。战马撒尿时也嘶鸣挣扎。军医诊断为尿血症，需要清热利水的药物治疗。因为无药，大家都束手无策。马武有个马夫，名叫张勇。张勇和他分管的三匹马也同样患了尿血症，人和马都十分痛苦。

一天，张勇忽然发现他的三匹马都不尿血了，马的精神也大为好转。这一奇怪的现象引起了张勇的注意。他便紧盯着马的活动。原来马啃食了附近地面上生长的牛耳形的野草。他灵机一动，心想大概是马吃了这种草治好了病，不妨我也拔些来试试看。于是他拔了一些草，煎水一连服了几天，感到身体舒服了，小便也正常了。

张勇把这一偶然发现报告了马武。马武大喜，立即号令全军吃"牛耳草"。几天之后，人和马都治好了。

马武问张勇："牛耳草是在什么地方采集到的？"张勇向前一指："将军，那不是吗？就在大车前面。"

马武哈哈大笑："真乃天助我也，好个车前草！"

此后，车前草治病的美名就传开了。

车前草又名车轮菜，广西人叫猪肚菜、灰盆草，云南人叫蛤蟆草，福建人叫饭匙草，青海人叫猪耳草，上海人叫牛甜菜，江苏人叫打官司草，东北人叫车轱辘菜。是车前科多年生草本。生长在山野、路旁、花圃、菜园以及池塘、河边等地。根茎短缩肥厚，密生须状根。叶全部根生，叶片平滑，广卵形，边缘波状，间有不明显锯齿，主脉5条，向叶背凸起，成肋状伸入叶柄，叶片常与叶柄等长。春夏秋株身中央抽生穗状花序，花小，花冠不显著。结椭圆形蒴果，顶端宿存花柱，熟时盖裂，撒出种子。

据现代科学分析，车前草嫩叶含水分、碳水化合物、蛋白质、脂肪、钙、磷、铁、胡萝卜素、维生素C，还含有胆碱、钾盐、柠檬酸、草酸、桃叶珊瑚苷等营养成分。其性寒、味甘，具有利水通淋、清热明目、清肺化痰的功效。主治小便不利、暑热泄泻、目赤肿痛等症。除药用外车前草还可食用。可做成车前叶苋菜粥、车前草炖猪小肚、车前草西瓜粥、车前茶、车前叶萝卜粥等。

天青地红——三七草

三七又名田七，明代著名药学家李时珍称其为"金不换"。

三七因播种后3~7年方可采挖，植物形态为茎生3枝，枝生7叶，而得名三七。也有人以为是"山漆"在简化之后写为"三七"。

三七草别名血当归、天青地红、见肿消、土三七、菊叶三七、破血草。为五加科植物。其茎、叶、花和根部均可入药。

三七高达60厘米。根茎短，茎直立，光滑无毛。掌状复叶，具长柄，3～4片轮生于茎顶；小叶3～7，椭圆形或长圆状倒卵形，边缘有细锯齿。伞形花序顶生，总花梗长30厘米，花小，花瓣5。核果浆果状，种子1~3颗。花期6~8月。果期8~10月。

三七主产于云南、广西、四川、湖北、江西等地。明代李时珍的《本草纲目》记载道：此药近时始出、南人军中用以金疮要药，云有奇功。可见，三七在云南民间应用年代久远。同时还记载道，三七有止血、散血、镇痛等功效。清代《本草纲目拾遗》记载道："人参补气第一，三七补血第一。"近代科学研究，三七含多种皂苷，和人参所含皂苷类似，除此之外，还含16种氨基酸，其中7种氨基酸是人体必需的。三七对冠心病、心肌梗死、高血脂、高血压、脑血管病、风湿病及癌症等有良好的治疗作用。誉满中外的云南白药，主要成分就是三七。

云南文山州是三七的发祥地。文山州几个县，很多人是种植三七的专业户。全国三七每年产量达200多吨，其中半数以上产自云南文山州。

三七是我国医药宝库中一颗绿色的明珠，愿这颗明珠，为人类健康事业做出更加辉煌的贡献。

药草之先——甘草

"十药九甘"，人们这样形容甘草在中药中的位置。甘草是中医使用最多的药材之一。甘草是一种豆科植物，喜阳，多数生长在干燥以及沙土地上，甘草的名字也由此得来。它主要分布于我国干旱寒冷的西北地区，如新疆准噶尔盆地、塔里木盆地，甘肃河西走廊以及内蒙古、宁夏的沙漠地带。

平时我们所说的甘草指的是乌拉尔甘草。它是一种多年生草本植物，高不过1米。根粗壮，羽状复叶，小叶3～8片，蝶形花紫色，稍带白色。荚果镰形

或环形弯曲，密被刺毛或腺毛，在果序轴上排列紧凑。

甘草在全世界有 13 种左右，中国有 8 种，有 5 种都生长在西北沙漠地区。除乌拉尔甘草外，光果甘草和胀果甘草也都具有同样的药用价值。光果甘草荚果比较平直、光滑无毛，在果序轴上排列疏散；胀果甘草荚果粗短、光滑鼓胀，里面大都只有两粒种子。

甘草早在公元前 200 年就已成为最家常的药了。它的根及枝条都可入药。药性平，味甘。有补脾益气、清热解毒、祛痰止咳、缓急止痛、调和诸药等作用。用于脾胃虚弱、倦怠乏力、心悸气短、咳嗽多痰、痈疽疮毒、缓解药物毒性烈性等。中药配伍上有君、臣、使、佐之分。利用甘草作为许多中药的臣药、使药及佐药，可以缓解某些药物毒性烈性，还使苦药不苦，便于患者服用。李时珍对其评价为是药中元老，是没有不良反应的一味中药。

从甘草中提取的有机化合物多达 100 多种，包括甘草素（甘草酸钾钙盐）、甘草苷等。利用这些有用成分，人们开发出了许许多多的药品。甘草还在食品工业和烟草制造中有重要作用，例如把它用做某些蜜饯的香料和香烟的添加剂等。

甘草还是重要的固沙植物，它的根能扎入很深的沙地吸取水分。在很多地方，甘草与胡杨林、红柳为伴，共同把沙漠绿洲打扮得更加美丽。不过，由于甘草在中药上的重要性，野生的甘草被毫无计划地乱采滥挖，许多地方资源已近于枯竭，而且使沙漠本来难得的植被遭到了破坏。所以我们应该提倡人工种植甘草，甘草播种很容易出苗，据测算种植甘草比种植一般粮食作物，收入也要高出许多。

身轻体健——何首乌

何首乌属于蓼科植物，多年生宿根草本。何首乌肉质块根，外表黑褐色，内里紫红色，个别块根形状似男女胴体，这在植物根系中是极其罕见的，所以引起人们的兴趣。何首乌与灵芝、人参、冬虫夏草并称祖国四大仙草。它的根、茎、叶均可入药。《中国药典》明确记述何首乌有补肝肾、益精血、乌须发、强筋骨、抗衰老、止心痛、增强机体免疫力、降低血脂、防治动脉粥样硬化、防治脂肪肝、促进肾上腺皮质功能、滋补强身的功效。

由于何首乌的块根形状特异，受到人们的钟爱，也引发出许许多多的传奇故事。李时珍的《本草纲目》就记载了这样一个何首乌的传说：有一个姓何的男人，年过五十还未娶妻成家，头发已花白了，成天酒醉如泥。一天晚上，他醉眼中看到窗外有两根藤枝相交后又分开，分开后又相交，感到十分惊奇。天亮后，他顺着两根相交的枝藤挖出两个块根，仔细一看，活脱脱的两个赤身裸体的男女。

他上山砍柴时遇到一位山中老者，老者秘传给他如何服用挖出的一对似男女的块根。他服了何首乌后不久，白发变成黑发，并娶妻生了儿子。消息传开后，因为他姓何，头发由白变黑，人们就把这种植物的根叫何首乌，把枝藤叫夜交藤。

万能药草——芦荟

芦荟为百合科芦荟属植物，原产非洲，约有200种，大多可供观赏或药用。有"守护健康的万能药草"的美称。

近些年来，世界上许多国家都掀起一股"芦荟"热，这主要是由于这种自古以来就被人们称为"奇珍异宝"的热带植物所享有的"灵丹妙药"的声誉越来越引起人们的兴趣。

现代科学分析，芦荟含有大量天然蛋白质、维生素、叶绿素、活性酶和人体必需的微量元素及芦荟大黄素等70多种成分。它具有催泻、健胃、通经、解毒、消肿、止痛、止痒、清热、通便、凉血、抗炎、抗菌、抗肿瘤、抗溃疡等药理作用，对肠胃病、肝病、糖尿病、心脏病、高血压都有不同程度的疗效；尤其对各种灼伤、烫伤和晒伤有显著疗效，且有抑制滤过性病毒、真菌和癌细胞的作用。

芦荟在国外已进入超级市场，成为保健美容药物新星。在不少国家和地区，以芦荟为添加剂或原料的食品被誉为高级食品，美国的"芦荟三明治"是健身补品，售价昂贵；其芦荟果汁、芦荟沙包也很名贵。在日本，芦荟已成为千家万户餐桌上的保健食品，诸如芦荟饺子、芦荟糕点、芦荟白兰地酒等，应有尽有。

芦荟在美容上也有神奇的功效，它的不少成分对人体皮肤有良好的营养滋润作用，可使头发黑而亮，加速皮肤新陈代谢，减轻面部皱纹生成，增强弹性，使皮肤光泽丰润，对皮肤粗糙、雀斑、疤疹、痤疮亦有疗效。

美国、日本已应用先进的技术对芦荟汁加以处理，生产出了一系列的芦荟美容化妆品，在超级市场上大出风头。

我国福建、广东也以制成芦荟生发夜、护发素等投入市场，深受消费者欢迎。

世界粮农组织在最近公布的一项调查表明，芦荟比所有野生果蔬所含营养成分的含量都高，芦荟被誉为"21世纪的最佳保健食品"是当之无愧的。

芦荟种类繁多，变异多样，但常用的仅有以下几种。

巴巴芦荟

巴巴芦荟又称翠叶芦荟，是目前利用最广泛的一种。这种芦荟在中美洲的库拉索岛和巴巴多斯岛有广泛分布，它有"沙漠百合""真芦荟"等美称。叶面在幼苗期，有白色斑纹，成株后的叶表白色斑纹消失。叶片肥厚多肉，翠绿色。叶缘有齿。长成的叶片长80厘米，味道较苦。

中华芦荟

中华芦荟也叫斑纹芦荟，又叫皂质芦荟。茎短，叶近簇生，幼苗叶成两列，叶面和叶背都有白色斑点，长成后，叶斑不褪。叶基部较宽，深绿色，叶表面无蜡质白色粉层，味淡，其汁中的水分含量多，胶状质少。主要用于治疗刀伤、烧伤、烫伤，无美容价值。我国南方许多地区有栽培。中华芦荟和巴巴芦荟十分相似，是巴巴芦荟传入我国后，经长期自然选择而形成的一个变种，对我国的气候条件有很强的适应性。

上农大叶芦荟

上农大叶芦荟是上海农学院植物科学遗传育种研究室从美国引入的巴巴芦荟经培育的变异型品种，幼苗期叶背面和叶面均有白色斑点，成株后白斑消失。上农大叶芦荟生长速度快，具有极大的开发利用价值。在盆栽条件下，分蘖能力极弱，主茎不分枝，因此自然繁殖慢。

木立芦荟

木立芦荟主茎明显，外形像直立的树木，叶面无斑，叶缘齿刻明显，单叶

较小，品种因由日本伊豆群岛引进，所以又叫日本木立芦荟，我国东北地区也有栽种。主要用于内服，味道较苦。

青鳄芦荟

青鳄芦荟原产非洲，也叫好望角芦荟。因为青鳄芦荟的干块为棕黑色，质地疏松，和库拉索芦荟干块不同，所以被称为新芦荟。

芦荟鲜叶外用的使用方法

新鲜芦荟叶汁涂抹法

在芦荟植株下部剪取一小块芦荟叶片洗净，将芦荟叶的表皮撕去，轻轻地将芦荟液汁均匀涂于消毒处理后的伤口上，每隔一段时间涂抹 1 次。采用这种方法所用的叶片应随用随取，能保证芦荟叶汁新鲜无污染，治疗效果也比较明显。

敷贴法

取新鲜芦荟叶片 1 块，面积要略大于患处，将叶片两边小齿切除，再从上下表皮中间平行剖开，形成带有叶肉的两个薄片。将其平贴在经过消毒处理的患处，然后用纱布包好。生贴原生芦荟叶肉能使有效时间延长，一般可以隔半天左右，换贴一次新叶，使用比较方便。

捣烂敷贴法

取新鲜芦荟 1 片，先切成小块，然后用消毒过的玉器或石器将叶块捣成糊状后敷于患处，再用纱布包好，每天换 1 次。叶片捣烂后，叶肉和表皮中多种成分充分混合，其杀菌、消炎、消肿、解毒效果更好一些。但操作时要严格注意消毒，以免感染。

芦荟湿布法

将芦荟切碎加水 2 倍，再放入消毒纱布数块，浸没在芦荟叶汁水中，用小火煮 20 分钟，再将纱布和芦荟汁一起倒入洗净消毒过的广口瓶中加盖保存，随需随取。将芦荟汁浸纱布贴在患处，可以吸热消炎，止痛止痒，使用十分方便。

芦荟酒精浸出液

取适量新鲜芦荟，洗净、捣碎，放在两份无水酒精内浸泡 1 周，将芦荟内的有效成分浸出，再用纱布将芦荟残块滤出，将芦荟酒精浸出液装入棕色瓶内保存。使用时，将消毒过的敷料蘸适量浸出液敷于患处，用纱布包好即可。也可用棉签蘸浸出液涂抹患处。

芦荟洗法

把芦荟当成浴液来使用时，芦荟中所含的多种有效成分能够经由皮肤渗透到体内达到促进血液循环的效果。它不仅具有美肌的功效，对肩膀酸痛、神经痛、肢端寒冷症也有效。将洗净芦荟鲜叶 100 克，切成片，包在纱布或滤布里，直接放入热水中，制成芦荟鲜叶汁，将汁液放入洗澡水中充分拌匀，即可洗泡芦荟浴。

鲜芦荟叶外用注意事项

一般芦荟鲜叶的外用方法都比较安全，方法也简单易行。适宜外用的芦荟品种较多，如翠叶芦荟、中华芦荟、木立芦荟、皂质芦荟都可以取叶应用，其中以翠叶芦荟最为适用。芦荟鲜叶汁内含有一定量的草酸钙和多种植物蛋白质。使用前可做皮肤试验，方法十分简单，睡前将芦荟凝胶涂于上臂内侧或者大腿内侧柔软处，第二天早上若肌肤没有出现异常症状，就可以安全使用了。如果皮肤发红或者出现斑疹，可以用清水冲洗，千万不要用手去抓痒，以防感染。对其过敏者，应停止使用。

像枪的植物——大蒜

大蒜（葱属植物），作为洋葱科的一种，几千年来都被用作食物和草药。大蒜长有像枪一样的长而平的叶子（大蒜在英语中的意思是"像枪的植物"）。它的球茎由一簇分开的叫做丁香的瓣组成，外面包有一层像纸一样的皮。古希腊医生相信：大蒜对某些疾病，包括寄生虫感染、呼吸系统疾病、消化不良和精力不足的治疗有帮助。

大蒜生成一种叫作蒜素的含硫化合物，蒜素一旦与酶作用，就转化成其他活性成分。

科学研究证明，大蒜能通过降低血液中胆固醇和甘油三酯的含量来预防动脉硬化症。它通过减少血小板粘连和溶解纤维蛋白（阻止结块的蛋白形成危害血细胞的网状）来防止血块生成。大蒜对细菌、病毒、真菌及肠道寄生虫引起的感染也有温和的预防作用。大蒜提取物能激活免疫系统，例如刺激淋巴细胞的繁殖、Cytokines 的分泌和提高细胞活性。

一些研究显示，人多食用大蒜可以减少患胃癌、食道癌和结肠癌的可能性。动物实验表明，大蒜中的含硫化合物在某些酶的作用下能抑制活性，这就可以解释这种草药的抗癌特性。然而，适用于动物身上的剂量高得令人体难以接受，而且，大蒜中的化合物会引发肝癌的恶化。

但是，何种形态的大蒜最好，目前还存在争论：是完全未加工的大蒜，还是加工成药片的大蒜；是存蒜，还是新蒜；是带有气味的大蒜，还是除去气味的大蒜。为了避免口臭或体臭，一些人喜欢选用肠衣包着的大蒜药片（它到小肠后才开始消化）。食用大蒜过多会引起心痛和气胀。

一般人只需通过饮食，就可以满足人体对大蒜的需求量。使用大蒜补品前，请咨询医生。因为这种草药阻止血液凝固，特别是将要进行手术的患者，在手术前千万不要吃大蒜。

活血圣药——龙血竭

来自远古的传奇故事

1500年前，古丝绸之路上，驼铃声声，来自西亚大食国（今阿拉伯）的使者，跋山涉水，穿越荒漠，来到巍巍的华夏古都长安，将神奇的麒麟竭等贵重药材呈献给大唐天子。

大食使者，手捧血红的麒麟竭向大唐天子讲述了这神奇药物的来历：远古时候，大食人以狩猎放牧为生，成天往返于悬崖峭壁与原始森林中，因此人畜摔伤流血的事早已司空见惯。一日，一头牛一脚踩空，跌下了山崖，牛血流如注。牧人看见被牛压折了的树干中流出了血红的树液，伤牛将这树液舔敷在伤口上，不一会儿血竟然止住了。牛又嚼食了树叶，没多长时间，伤牛竟奇迹般地翻身站了起来。牧人连跑带爬下到山谷，用血红的树液敷在自己被岩石荆棘划破流血的手脚上，顿时血就不流了，疼痛消失了。

牧人带回了凝结在树干上已经干了的血红的树脂，向人们讲述了树液的神奇功效，人们便把这血红的树液当作天赐的神药，称之为"麒麟竭"。

从此，麒麟竭成为华夏宫中御用的珍贵药材，并逐渐传到民间，成为中医药中的一味贵重药材。

血竭资源的探路人

千百年来，中华医学贤人历经研究和实践，证实了血竭在活血、止血等方面的独特功效，而将它作为中医伤科的重要药材。但由于完全依赖进口，价格昂贵，应用范围极其有限。

1972年初，周恩来总理发出了"寻找南药资源及替代品"的指示，其中特别提到了血竭。

初春时节，地处昆明北郊黑龙潭的昆明植物园乍暖还凉。就在这样一个万木复苏的日子里，我国著名植物学家蔡希陶教授在自己的办公室里手捧周总理的指示，心中热血沸腾，一种神圣的使命感油然而生。

蔡教授点燃一支香烟，靠在沙发上闭目沉思。30多年前，在滇南考察时的情景一幕一幕在脑海中闪现出来。一天中午，考察队顶着酷暑走到一个傣族山寨，看到傣族山民的竹楼边挂着一条条形似干血的东西。山民告诉蔡教授这是从一种树干上流出来的树液，可用来止血。蔡教授心中一喜，猛地从沙发上跳了起来："可能这就是'血竭'。"

就这样，年过花甲的蔡希陶教授立马带着考察队出发了，他们跋山涉水，砍竹子当拐棍，穿行于滇南的深山密林之中。历时3个多月，蔡希陶教授终于在孟连县一片石灰岩季雨林中找到成片的龙血树，足有2800多株，不少树干上还挂着干血状的血竭。

蔡教授摘下一条条血竭样品，又小心翼翼地挖了200多株龙血树幼苗亲手把它们种到西双版纳热带植物园中。从此，用铁的事实推翻了外国人所说的"中国没有龙血树资源"的断言。

后来，蔡教授又组织科学工作者进行研制，并取得了令人欣慰的结果，加工提炼出来的血竭，经现代化学、药理、临床试验，品质优于进口名牌血竭。蔡希陶教授为此撰写的论文《国产血竭资源的研究》在国内外引起了巨大的轰动。

踏上"血竭"人生路

1978年春天，著名作家徐迟的报告文学《生命之树长绿》，让青年刘剑心中刻下了"蔡希陶"这个令人敬慕而辉煌的名字，也让他从此认识了血竭，走

上了"血竭"人生路。

刘剑出生在广东南海之滨一个清贫的中医世家，从小在父辈的身边耳濡目染，使他对中药产生了浓厚的兴趣。

父亲早逝，没给他留下什么遗产，却将正直善良、诚信做人、热爱医药事业的优秀品格传给了他，成为他一生最宝贵的财富。

当时，刘剑正在一家药厂当采购员，他手捧刊登《生命之树常绿》的报纸，读了一遍又一遍。蔡老植根于云南边疆这块植物王国的沃土之中，40年如一日，用毕生的精力追求真理，用科学造福人民，无私奉献的精神深深打动了他。刘剑在日记上写下了这样一句话："走蔡老的路，学习蔡老，造福于民。"

1981年初春，蔡老积劳成疾，而这时，由于历史的原因，蔡老的血竭科研成果还未能正式投入生产，蔡老最终带着深深的遗憾辞世。

已近而立之年的刘剑在长时期收购药材工作中，发现滇南及周边国家有着丰富的血竭原料资源。他决心完成蔡老未竟的血竭事业，生产出中国人自己的血竭产品。

就在这时，一位了解刘剑的朋友将自己在西双版纳获得的有关血竭的相关资料寄给了他，使他进一步增强了研制血竭的决心和信心。为此，他到广西中越边境龙州山区采来血竭原料，把自己关在家中8平方米的小屋中，如饥似渴地学习药品生产技术知识，用简陋的实验设备和收集来的龙血树脂原料土法上马，埋头进行实验研究，常常废寝忘食地熬到深夜。

功夫不负有心人。经过1000多个日日夜夜的摸索、拼搏，刘剑终于研制出了第一份血竭样品，并熟练掌握了血竭生产的工艺技术和工艺流程。

消炎特效药——生姜

生姜是生长在印度、中国、墨西哥以及其他地区的一种多年生植物。它的根被用来生产生姜调味品、竹芋粉（一种淀粉）和姜黄。传统中医把生姜用来治疗消化不良、呕吐及咳嗽，已有几千年的历史了。印度医学认为生姜对消炎很有疗效。

生姜中的挥发性油（姜酚和姜烯酚）发出辛辣的气味，并产生对人体的治疗效果。生姜及其同类植物中也含有能产生生物活性的化合物姜黄素。生姜对人体的消化系统具有一定的疗效，它可以增强消化肌，保护胃不受酒精或非类固醇消炎药的刺激。有的父母常给小孩服用姜汁啤酒，用于消除胃疼。虽然人们对生姜如何控制反胃尚不清楚，但是都知道它能缓解呕吐。

目前研究人员正在进行把生姜作为治癌药物的研究。老鼠实验表明，生姜及其同类植物中的姜黄素能抑制皮肤癌的发生，并引发癌细胞的死亡。辛辣化合物可作抗氧化剂，这样就降低了破坏细胞、引发癌症的危险性。

但是，目前还没有证据表明，生姜对预防和治疗人体癌症具有疗效。服用生姜前，请询问医生。

千姿百态的植物

人类肤色各异，植物种类也各不相同。在植物王国中，不乏种类怪异的植物，它们同人类一样，各自扮演各自的角色。

羡煞世人的"夫妻树"

　　我国云南素有"植物王国"的美称，那里生长着各种奇花异木。在江城县有一种非常奇特的"夫妻树"，开始是两棵稍微分开的小树，一年后它们便紧紧靠在一起而形成"人"字形，长成一棵完整的树，所以人们叫它"夫妻树"。

　　有趣的是，这种树不能单独生长。若是把它们稍微分开栽，便会慢慢靠在一起长成一棵树；如果单独一棵，就很难成活。

　　更奇的是，我国四川省石柱土家族自治县洗新乡添坪村，生长着一颗共生不同春的"夫妻树"，它有30多米高，树干直径达1米。这株树分为两叉，一雌一雄。单数年，雌树树叶茂盛，而雄树却光秃秃不长绿叶；双数年，雄树发叶成荫，雌树则不生绿叶，真是一棵罕见的奇树。

百年不落叶的植物

人们也许会说："除了百岁兰，你还忘记了松柏和万年青，它们也是一年四季常绿，不掉叶子的。"

这话有一部分是对的。松柏与万年青一年四季，不论炎热酷夏还是寒瑟秋风，它们的叶子都碧绿挺

拔，确实四季常绿。但是，仔细观察它们，你就能发现它们是掉叶子的。在松柏树下，常常会看到散落在地的枯黄松针。原来松柏的叶子寿命较长，可以活3~5年，老叶一部分一部分地枯死，春夏之间，又长出代替老叶位置的新叶，所以松柏叶子的长落是以不易被人觉察的替换方式来进行的，人们误以为它是不落叶的。

万年青的叶子的寿命当然不会万岁，不过8~10年的光景，老叶子就从尖端开始枯黄了。其他的常绿树木，比如女贞的叶子能活200天，紫杉的叶子能活6~10年，冷杉的叶子可以活12年。

然而生活在安哥拉海岸的沙滩上的"纳多门巴"一生只长两片叶子，这两片叶子一直伴随着整株植物，足足能活上100多年。它不是兰花，然而人们还是为它取了个好听的名字——"百岁兰"。

"百岁兰"的个头很矮，茎高不过 20 厘米，叶子相对而生，可以长到 3 米长。那朝相反方向生长的宽大叶子趴在地上，曲曲折折，好像两条巨大的绸带。

这两条"大绸带"长出后，就再不凋落，也不长新叶，而是忠心耿耿地伴随"百岁兰"稳度百年生涯。

这么大的"绸带"为什么百年不落呢？

原来，百岁兰的根又直又深又粗壮有力，它能充分地吸收到地下水；地面上会有大量海雾形成露水重重落下，使叶片保持湿润，所以整株植物一年到头都能保持活跃的生存状态，那好不容易长出的两片大叶子也就不会因缺乏水分而凋落了。

太空植物

小球藻生活在水里，是一种比较低级的植物，它圆圆的模样就像个球，可是非常小。在显微镜下把它放大到 600 倍的时候，它才有一粒米那么大。直径只有 3 ~ 5 微米的小球藻，1000 ~ 2000 个手拉手排起来才有 1 毫米长。多么微型的袖珍"小球"啊！

可是，在世界各地淡水里、海水里、池塘、沟渠、沼泽甚至水槽、水缸、很深的土壤里都有它们或者它们亲戚的身影。湖水为什么呈现出一潭碧绿呢？那是由于小球藻大量繁殖的结果。

更令人刮目相看的是，小

球藻的营养成分顶呱呱。一般小球藻干粉含 40%~50% 的蛋白质（奶粉蛋白质含量为 26%，瘦猪肉为 20%），10%~30% 的脂肪，还有糖、矿物质、11 种维生素，还含有维生素 A、维生素 C；蛋白质含量是大米的 6 倍，脂肪含量是大米的 25 倍。看，多富有！人们高兴地叫它"人造鸡蛋""水中猪肉"。最棒的是，它所含的蛋白质中有 40% 的氨基酸是人体需要而自身无法合成的。

可是，小球藻为什么被称作太空植物呢？

人类的航天技术正在高速度发展，飞行的时间越来越长，"宇宙食物"有待更好地解决。

在长期宇宙飞行中，要携带大量食物是有困难的，而小球藻如果用来做"宇宙食物"，比一般食品要少带很多；氧气供应和废品处理必须在宇宙飞船内自行解决，由于小球藻强烈的光合作用，可以吸收宇航员排出的二氧化碳，而放出人所需要的氧气，它在生长过程中还可以将排泄物作为养料而制成人所需要的营养物质，问题不是解决了吗！

个体小、营养高，放出氧气数量大，使小球藻有可能在太空中大显身手。

怪树集锦

地球之大，无奇不有。除了你见到的各种树木，还有很多没见过的怪树。

五谷树：我国江苏省东台县内有一棵树，叶子长得像竹叶，花呈白色，结的果实形状有的像稻，有的像麦，还有的像黄豆、玉米、高粱等。所以大家叫它"五谷树"。

异果树：我国山东省夏津县境内有一棵明代的老枣树，它的果实有 10 多种形状，分别呈棱角形、圆柱形、鸡蛋形、纺锤形、扁圆形、秤砣形、磨盘形、葫芦形等。

炮弹树：在美洲热带地区有一种树，果实形状像炮弹，遇有鸟类啄食时，就会突然爆破，声音像放炮，籽粒四射，啄食的鸟类多被击伤或击毙，因此人们叫它"炮弹树"。

蜡烛树：拉丁美洲的巴拿马有一种蜡烛树，不仅果实像蜡烛，如果将它当成蜡烛使用时，光线均匀柔和，而且没有烟。

灯笼树：在我国井冈山地区，有一种常绿的阔叶树，它的树叶能够释放出微量的磷化氢。在夜晚，磷化氢在空气中自然产生淡蓝色的光彩，所以人们叫它"灯笼树"。

自焚树：非洲赤道地区有一种树，当树龄达到 15 年以后，它就能分泌出一种燃点很低的树脂。这种树脂在强烈的阳光下就可以自燃，所以一棵大树常常在 1 小时左右就燃成了灰烬。

酒树：生长在我国海南省的树头棕，果实含糖特别丰富，糖分在果实内转化成酒，像米酒一样鲜美醇香，喝多了还能醉倒人呢！

电树：印度有一种带电的树，树身带有电荷，人碰上它就有电击的感觉。

怕痒树：湖北省蒲圻南屏山上有一种"怕痒树"。这种树木树干光净，叶椭圆形，夏季开淡红、紫、白色花。如果触动树干，枝叶即婆婆起舞沙沙作响，就像怕搔痒而发出的笑声，而且"笑声"随用力变化而变化，树枝叶的抖动也随其用力的不同而不同。

这多种多样的怪树，全都是大自然的杰作。

倒下能自动爬起的树木：云南是孔雀的故乡，那里常年青山苍翠，云雾缭绕。每年都吸引着世界各地的人们来参观游览。而 1993 年初，云南南部地区的一棵普通而又离奇的大树，却成了成千上万好奇的人们最为关注、最感兴趣的焦点。

这棵大树位于普洱县宁洱镇南口村旁，从树种看来，这只是一棵在当地几乎随处可见的百龄老椿树。1993 年 1 月 27 日，在云南南部地区盛产茶叶的普洱县发生里氏 6.3 级以上的大地震，地震对当地百姓的房屋设施和日常生活造成了很大的破坏。而大地震的震中就在距大椿树不到 10 千米的地方，当地村民的房屋倒塌不少，大椿树居然没有被震倒。地震刚刚过后的 2 月 18 日下午 4 时，一场 10 级大风又突然袭击了普洱县大部分地区，这一次，这棵百年老树没能逃过浩劫，在狂风中轰然倒地。老椿树倒了的消息在村里不胫而走。因为过去这一带的村民总习惯在这棵大树下乘凉、休憩。第二天一早，很多伤心的村民不约而同地来到横躺在地的大椿树旁。老人们一边不停地摇头惋惜，一边围着老椿树转来转去。当有人心疼地蹲下去抚摸这棵老椿树的树根时，人们才惊异地发现，这棵树冠如此巨大的老树，竟然没有直穿地层深部的主根，只有无数在老椿树倒地时已折断的支叉根和气生根。

树冠巨大的椿树倒地后恰巧阻断了通往村头的小路。村民们出来过去十分不便，几经磋商，人们最后决定将其分段砍伐后当柴烧。2 目 20 日中午，有不少村民带着各种工具来砍树，当这棵大树的树冠和不少树根被砍断运走，主干也肢解到只剩 1 米左右时，突然"哗"的一声，大树猛然拔地而起，端正地矗立在原来的位置上，如同从未被刮倒过一般。这转眼之间发生的奇迹，把正在锯树身的 3 个农民吓得目瞪口呆，"啊"的一声惊叫着转身掉头就跑，旁边的许多人也不知所措，有的人甚至下意识地给老椿树磕头作揖。"神树"的消息从此迅速传开，以至于滇西南一带许多农民翻山越岭，带着干粮，前来朝拜这棵"神树"。

随着"神树"消息的越传越广，此事引起了有关方面的高度重视，云南省、普洱县科委的科技工作者对这棵椿树进行了考察、研究。有人推测，当时大树倒地后，有部分气生根未折断仍在地里，正因为震中离大椿树很近，地震过后，地壳的整合形成拉力，将老树的气生根重新拉紧，在有人砍树时，气生根拉起了余下的树干。也就是说，如果当时整棵树包括树冠还在，也许是拉不起来的。

但是另一些人不同意这种说法，他们认为气生根毕竟不是主根，而且也断得差不多了，单单靠这些残缺的气生根怎么能拉起来大树呢？

也有人认为，这一带地质情况非常复杂，大椿树倒地而起的原因，可能和地下极为复杂的地质情况有关。然而到底是什么样的地质情况呢，连他们自己也说不清楚。

当地一些有迷信思想的老人认为，这棵大椿树百年来，为当地百姓挡风遮雨，避暑纳凉，做尽了好事，是上苍让它命不该绝，这种说法当然不足为信。

1995 年 4 月，有关人员再次来到这个地区考察这棵大椿树时，只见它依然树干直挺，虽然当年砍伐造成了树干刀痕累累，但仍然充满活力。当年倒地时被砍去树冠、上半部树身后余下的 1 米多高的树干，竟从光秃秃的顶端，又抽出了若干新枝。

世界之大，无奇不有，至今这棵倒地又起的大椿树仍然默默无语地每天迎送着出来进去的当地村民，那哗啦啦的树叶在春风中似乎又不停地低声诉说，只是我们听不懂。

可预报降雪的树木

在我国福建省中部尤溪县台溪乡盖竹村，有一棵奇特的百年古松，这棵古松高 8 米，直径约 90 厘米，主干弯曲，枝杈丛生，形似虬虬，浓荫蔽日，四季常青。这棵古松在降雪前半个月就开花，其色粉白，状如喇叭，遥遥望去，宛如玉树琼花。花开几次，当年就降雪几次。树梢开花，雪降落在高山处；而满树开花，则漫天大雪纷飞。花开愈多，雪降越大；如果树不开花，当地即无降雪。因此该树被当地百姓称为"报雪松"，并根据此树有无花开，来做降雪之前的御寒防冻准备。

另外，在湖南省西南的黔阳县，也有 3 棵可预报降雪的"雪花树"。这 3 棵树每年都在下雪前一星期左右，就开满树的大白花；一年下几次雪，其树就开几次花。在 3 棵树中，最大的一棵径粗有 1.1 米，高 10 米以上，树叶繁茂，四季常青。

目前，"报雪松"与"雪花树"为何能预报降雪，还有待人们来研究。

食肉植物

由于植物没有腿不能去捕获猎物，所以大多数的食肉植物无法选择食物，它们只能吃掉那些不幸掉进它们"嘴"里的小昆虫。但是根据《自然》杂志报道，一种生活在文莱雨林的食肉植物却很挑剔，它们只吃一种昆虫——白蚁。

这种挑剔的食肉植物外形类似较常见的猪笼草，属于猪笼草科，常见于马来半岛、婆罗洲、苏门答腊半岛的海岸边或岩石上。它们的叶子是壶状的、内壁很光滑，里面充满了消化液。这种草可以利用自己的这种叶子一次吃掉数千只白蚁。

大多数的食肉植物都生长在雨林的顶部，它们靠斑纹或香味吸引那些会飞的昆虫。而这种草生长在雨林阴暗潮湿的底部，那里昆虫的种类很少。这种草是利用围绕在壶状叶子顶部的白色长毛来引诱白蚁的。

德国法兰克福大学的马里斯默班教授认为，在所有已知的食肉植物中唯有这种草是可以选择食物的，也只有它会把自己身体的一部分作为诱饵。白蚁发现了那些白色长毛后会把它们当成可口的食物，因此就会叫来其他的白蚁一起把这些战利品搬回窝里，所有的这些白蚁都将掉进猪笼草的叶子里。白蚁是社

会性昆虫,所以如果幸运的话猪笼草可以一次吃个够。研究植物与动物相互作用的专家奥托贝尔说:"如果你吸引来一只白蚁,那你就引来了整个巢穴中的白蚁。"1 分钟内默班教授看到有 22 只白蚁掉进猪笼草的叶子里。而那些生长在雨林顶部的食肉植物在它们为期 6 个月的一生中只能吃掉几十只昆虫。

食肉植物的共同特色是利用所分泌的黏液或是简单的闭合动作来捕食一些粗心大意的小昆虫。食肉植物并不稀有,像猪笼草和捕蝇草都已成为花市中常见的观赏植物。

神奇的桃树

在拉萨市北郊色拉寺以西约 8 千米处的西藏著名古迹,有一棵神奇的桃树。这棵树能长 4 种不同的叶子、开 3 种花,据说有上千年的历史。

这棵神奇的古树位于帕邦喀的玛如堡宫殿以西 50 米处,远看这棵两人合抱粗的"神树"与普通的桃树没有任何区别。其神奇之处在于它的树叶有的呈圆形,有的呈椭圆型,有的则呈倒三角形;有的叶片呈深绿色,有的则呈淡绿色;更让人百思不得其解的是,有的树叶是直接从树干上长出来的,有的树枝像是藤本植物,缠绕或攀缘在其他树枝上。

这棵树在 3 ~ 5 月间开花,能开出红、黄、紫三种颜色的花,其中一种还有淡淡的牛奶味道。这棵"神树"附近有一座建在巨石上的宫殿。松赞干布、文成公主和尼泊尔公主都曾在这里居住过。值得一提的是,这里也是藏文字的创始地,藏文字创始人吞弥·桑布扎去印度学习梵文和佛学后来到修行圣地帕邦喀,结合藏语声韵创造了藏文字。

神奇桃树的发现,吸引了不少旅游者来此参观。而其"神奇"的原因,还有待专家解释。

"世界屋脊"的开花植物

在我国西南地区，有一个被称为"世界屋脊"的地方——青藏高原，由此名可以想见它的高度了。这里林立着高大雄伟的大山，山上终年覆盖着皑皑白雪，将这里变成一个永远的银白色世界。爬到海拔 5000 米以上，就会发现植物越来越少，只能看到一些生命力极顽强的地衣。这里自然条件很不适宜植物生长：岩石风化，土壤质量恶劣，即使夏季也是狂风怒号，雨水会在很短的时间内变成冰冷的雪。

可是，就在这个贫瘠的地方，在这银白色的世界里却意外地看到，紫红色的雪莲花正在怒放！那巨大的花瓣格外美丽。

雪莲花为什么能在这环境恶劣的"世界屋脊"上这样顽强地生长，开放出美丽的花朵呢？

雪莲把自己个子缩得矮矮的，紧贴在地面上，这样就可以顽强地躲过高山上特有的狂风摧残；它的根又柔韧又长，深深地扎进石块缝间的土壤之中，为雪莲尽可能地多吸收一些水分和养分；雪莲身上还穿着一身白色"棉衣"，那厚厚的绒毛从花茎到叶，从头到尾把雪莲包裹起来，这白色绒毛反射掉一些高山上的强烈日光，又防寒冷，又能保湿，把雪莲很好地保护了起来。

雪莲能在"世界屋脊"上生长、开花，是它长期同这恶劣环境做顽强抗争，经过大自然的选择才做到的。

雪莲是一种名贵中草药。它可以帮助人们除寒痰，壮阳补血、治疗脾虚等。

有趣的"关门草"

知道人们为什么给"关门草"起这个名字吗？要解这个谜，还要从"关门草"的生活习性说起。

"关门草"长得很漂亮，枝条亭亭玉立，随风飘荡。它会随着太阳出没，开门、关门。在太阳没出来时，它的叶子好像一扇小门，紧紧地关着。当太阳慢慢升向天空时，它这扇小门轻轻地打开，朝着太阳微笑。在太阳落山时，这扇小门又要轻轻地关上，进入甜蜜的梦乡。你说它是不是名副其实的"关门草"？

"关门草"还是一种药材。有趣的是，白天采摘与晚上采摘的作用还不一样：白天摘的做成的药可治"夜眠症"，晚上采摘的叶子入药可以治"失眠症"。它里面还含有胡萝卜素、维生素 A 等成分，利用它可以清热明目，消肿止痛。

古树吞屋的秘密

香港新界锦西区水头村有一棵"吞吃"了一个房屋的老榕树。老榕树的树干 10 多个人才能合抱，奇大无比，树冠形成的浓荫覆盖了数百平方米的面积，树龄已有五六百岁。树身周围的气生根一条条垂下来，深深地扎入土地。这些气生根有粗有细，粗的如鸭卵、碗口，细的仅如筷子。

令人吃惊的是，此树曾将一间面积为 50 平方米的房子吞掉。走进老树的"腹部"仍然还能发现这间房子的痕迹。房子的四壁早已不见踪影，仅留门口两根石柱孤零零地站着，地上还留有炉灶的痕迹。树腹的南面存有一段高约 4 米的砖墙，砖墙上还有一扇窗子。在离地二三米的树干处，一根粗粗的气生根巨蟒般紧紧抱住一小段断墙，那情景活像一只大章鱼用巨大的腕足死死缠住溺水的人，使人不禁心惊肉跳。

许多村民都不知道如此一间大屋子是在什么时候、什么情况下被吞噬的。

然而，植物学家说，这是一种发生在榕树身上的自然现象。老榕树之所以能够吞屋，是因为它的生命力特别旺盛。榕树生活在热带和亚热带地区，它的身上常会长出一些大大小小的根来，有人称它气生根，这种根入地后能起支持作用，故也称支持根。一棵榕树，长出的气生根少则 100 多条，多则上千条，甚至数千条。气生根生出的时间有先有后，所以气生根有粗有细。它们悬在空中，形成一片气生根的世界。

这些气生根一旦接触到地面，便马上钻进土里，贪婪地吸收养料。随着气生根数目的增多，榕树吸收的营养也越来越多，身子便越长越大，终于长成一片"独木森林"。在榕树的生长过程中，如果正好碰到一间废弃的屋子，榕树便将气生根不断地伸向屋顶或墙壁，时间久了，屋子倒塌了，砖块被路人捡走了，便形成"老树吞屋"的现象。

发电树

发电树生在印度南部，它的叶子带有很强的电荷，常常跟无意中碰到它的人开一个不大不小的玩笑——让他遭受一次电击。而发电树，就靠这种不算小

的电荷来保卫着自己。

发电树还能影响着指南针的灵敏度，如在树周围 25 米之内放置一根指南针，指针就会剧烈摆动而失灵。

发电树的电压是随时间以及气温改变而时刻变化的。

有的人则认为发电树的电荷是发电树吸收了太阳能量后再加以转变形成的。

有种树离不开火

北美洲有一种最珍贵的树种，叫沼泽松，是最善于应对火灾的一个树种。这种高大的树有着罕见的浅色树冠，身躯伟岸挺拔，不仅生长在低洼的地方，而且也生长在干爽的山麓。它木质坚硬，红润有光，色泽非常悦目。正是这种树，似乎专等发生火灾才成长壮大！当它的幼苗长到几十厘米高的时候，在 5～7 年内就完全停止，不再往上长，这时它全力发展和巩固根部。幼苗的针叶含有很多水分，而且长得很长。这些针叶紧紧聚拢在一起把未来的新枝保护在它们中间。在此阶段，火灾丝毫损害不了它。当火灾出现时，烈火还未把潮湿的针叶全部燎净，它周围的其他树木、灌木和草已经被大火吞噬而光，它的幼苗此时就得以见到阳光。大火之后，沼泽松迅猛生长，并长出一层很厚的树皮以便更好地保护自己，避免新的火灾危害。正因为这样，现在栽植沼泽松的时候，往往故意烧一烧松树地段，为它们的生长创造最好的条件。

号称"世界爷"的红杉，也是不怕火的。这种被称为活化石的古生植物非常珍贵，现在已经很少见到了。生长在北美一些国家公园里的红杉数目是屈指可数的，人们把它们作为稀世珍宝来加以保护，自然不让火灾在红杉林中发生。可是事与愿违，这种罕见的树木却不愿意繁衍子孙，而且行将绝种了。原来，在它的树冠之下，生长着许多冷杉幼树，冷杉生长过程中争夺了红杉的养分。

要使现有的"世界爷"森林得以更新，就必须定期进行火烧。红杉树不怕火烧，因为它的木质犹如钢铁一般，是燃烧不起来的，而且它的纤维质树皮又厚又结实，严严地保护着它那坚实的树干。当然，大火可以把红杉的叶子和树冠烧着，可是老的叶子烧掉了之后，新的叶子很快就生长出来了。

大火之后，红杉树获得了广阔的生活空间而开始迅猛向上和向周围生长，同时也给红杉树的种子清扫了地盘。因为红杉树的种子只有在没有草木、被火烧透而且深深覆盖着草木灰的土壤中，才能发芽。红杉幼苗需要大量的光和热，只有在阳光充足和无"人"与它们争抢的空间中，才能迅速生长。

如此说来，森林火灾到底是有利还是有害呢？科学家经过详细的全面计算之后，断然肯定，害远远大于利。虽然火灾可以对某一些树种的自然恢复和森林以后的发展起促进作用。然而，这种个别有利后果却远不能补偿火灾给人类的经济活动造成的巨大损失。森林火灾是国民经济的一大害，应该千方百计地把森林火灾减少到最低限度。

不怕剥皮的软木树

　　西南欧的伊比利亚半岛上的葡萄牙，因为靠近地中海，夏凉冬暖，雨量充沛，土地湿润，几千年来，生长着一种叫软木的树。这种树又叫"栓皮栎"，它有一个与众不同的脾气。所有的树木最怕剥皮，剥了皮就非死不可，可是它却不怕剥皮，成块的树皮被剥光以后，就露出了橙黄色的内层，人们还在它的身上写上"8""9"等阿拉伯数字，这是告诉人们隔八九年后，又可以剥皮了。

　　软木还有个特点就是，其他树种的木材最怕放在露天风吹、日晒、雨淋，这样很容易霉烂腐朽，可是软木却要在露天经风吹、日晒、雨淋半年，然后，再把它放到100℃的沸水槽中蒸煮，蒸煮后堆放在室内3周，才可以加工成各种制品。

　　软木的最大用途是做大大小小五花八门的瓶塞，有的瓶塞还烫上精美的五彩图案，成为一件件令人喜爱的工艺品。据说在考古中发现，用这种瓶塞盖的酒类，藏在地窖里上百年仍香醇不变。法国著称于世的葡萄酒，最早叫"暴跳酒"，人一打开地窖藏酒时，那软木做的瓶塞倏地暴跳开来，同时酒香四溢，扑鼻而来。

　　因为软木富于弹性，不透气、不透水、不传热、不导电，又能耐压、耐酸，所以它在很多方面都有广泛用途。宇宙飞船可以用它做绝缘材料，羽毛球座、乐器垫片、高跟鞋、帽衬等地方也可见到它的踪影；软木做地板，踩踏没有声响……

树木生死相依的秘密

在广东省梅县以东有一座阴那山，山腰上坐落着一座千年古刹灵光寺。生死树就屹立寺前。

生死树是两棵对称的一枯一荣的古柏。据《阴那山志》记载，那棵枯柏距今已有 300 多年，虬枝苍劲，却又不挂一叶，刚劲之躯昂然伫立。而那棵活柏却是枝繁叶茂，粗壮高大，3 人难以合抱，整棵树焕发出勃勃生机。

两棵树一生一死，相对而立，别有一番情趣。为什么枯树能历经数百年风雨而不朽呢？这还有待研究。

生死树，成了当地的奇特景观，吸引了众多游客的目光。

会"灭火"的树

在非洲的丛林里生长着一种梓柯树，它是一种高大、枝叶浓密的常绿树。它有细长的叶子，像女孩的长辫一样悬垂着，就在"长辫"间，生长着一种球

状物，比人的拳头稍大。它的秘密就藏在这球状物中。如果有火光在树旁出现，立时，从球中射出大量的液体泡沫喷向火苗，转瞬之间就把火灭掉了。

这种球状物被植物学家命名为节包。在它的表面上密布小孔，就像淋浴喷头上的小孔，里面则充满了一种透明的液体。在这些液体中，含有丰富的叫四氯化碳的物质，和我们使用的灭火器中的物体是一样的。所以，梓柯树能奋起救火，喷出大量泡沫状的液体，当之无愧地担当起森林中的灭火英雄。

可惜，梓柯树只能生长在非洲安哥拉的西部地区，如果有一天能把它广泛地移植到世界各地，不是能大大减少火灾的发生吗？或许，这个梦想能够被你来实现呢。

会"下雨"的树

在美洲，生有一种会下雨的树，被称为雨树。

雨树的叶子很长，有半米左右，中间凹陷，四周略略凸起。在傍晚时分，雨树的叶子开始吸收四周的水分，随着吸收水分的增多，雨树的叶子渐渐蜷缩起来，形成一个小袋。这个小袋里有 0.45 ~ 0.9 千克的水分。第二天，随着气温的升高，叶子受热逐渐张开，而其中的水也一点一滴地滴落下来，就像正在下雨一样。

无独有偶，在中国也有一棵会下雨的树，它生长在浙江省云和县，是一棵有百年历史的黄檀树。有趣的是天气越炎

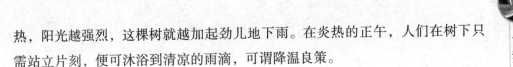

热，阳光越强烈，这棵树就越加起劲儿地下雨。在炎热的正午，人们在树下只需站立片刻，便可沐浴到清凉的雨滴，可谓降温良策。

咬人树

在非洲马达加斯加岛上，生有一种能咬人的树。又被当地人称为蛇树。这是因为在它3米高的圆柱形树干上，生长着无数蛇状的树枝。而蛇树就凭借这些树枝来捕捉猎物。

蛇树对外界的刺激极为敏感，一只鸟儿落到枝上，蛇树的枝条就会迅速地收拢来将鸟儿缠住，然后慢慢消化掉。

有一个人曾经无意中用手臂触及树枝，结果也不能幸免，被树枝牢牢缠住，费尽力气才挣脱出来，但是已被拉扯去一大块皮肤。

会"流泪"的草

湖南黄双自然保护区有一种奇特的眼泪草，当地人叫它"地上珠"，又叫"叶上珍珠"。这种草的叶子能分泌一种黏糊状液体，像眼泪一样黏附在叶尖上。这种带甜味的液体能招引小昆虫前来啜饮。当小昆虫碰上"泪珠"时，叶片就会突然收缩，把"顾客"擒住，黏液便裹住它，慢慢将其溶化，变为滋补自己的营养品。

千年古莲再萌发的秘密

一千多年前结的莲子，到现在如果不是早已腐朽，也已变成化石，早已没有生命，怎能发芽开花？千年古莲子能开花听起来真像是《天方夜谭》里的神话，难以置信。然而，这竟是事实！

多年来，我国报刊上曾多次报道，在辽宁省旅顺市附近的新金县普兰店东五里处的泥炭土层中发现尚有生命力的古莲子，至今此古莲子的故乡被称为莲花泡。早在 1923 年，日本学者大贺一郎在我国辽宁新金县普兰店一带进行地质调查时，在当地泥炭层中采到古莲子，并使它发了芽。

直至近年，还有用普兰店古莲子播种后开出荷花的报道。1997 年 7 月 13 日《羊城晚报》第 4 版报道，在北京香山脚下的中科院植物园中用普兰店古莲子种出的莲荷，于 1997 年 6 月下旬开始开花，到 7 月初已开了 100 多朵。

一般植物的种子在常温条件下的有效寿命为二三年。埋在地下上千年的古莲子为什么能活着，经过处理、培育还能发芽开花？科学家说，莲子之所以能有如此惊人的生命力主要是因其自身的结构特殊。

莲子外表的一层果皮特别坚韧，果皮的表皮细胞下面有一层坚固而致密的栅栏状组织，气孔下面有一条气孔道，果实（莲子）未成熟时空气可以自由出入。果实完全成熟后，此孔道即缩小，因而空气和水分的出入受阻，甚至微生物也不易进入，使果皮内成了一个"密封舱"。

植物生理学家认为，种子失去生命的原因是由于种子里胚的原生质发生了凝固，如果种子的含水量保持不变，则种子的生命力就能延长。

另一个重要的因素便是温度。地面 1 米以下泥土中的温度比地面空气中的温度低，且较稳定，这些条件也都有利于种子长期保存其生命力。

普兰店一带气温较低，雨量又不多（湿度低），氧含量在泥炭层里又很多，因此当地古莲子能保持其生命达 10 个世纪。

此外，莲子胚芽内含有特别丰富的氧化型抗坏血酸和谷胱甘肽等物质，对保持莲子的生命力也起重要作用。当莲子萌发时，它所含的氧化型抗坏血酸逐渐转变为还原型抗坏血酸（即维生素 C），这对莲子胚芽的萌芽有促进作用。在无氧、无菌、低温以及地质条件稳定的情况下，种子内部化学成分稳定，未遭受破坏，因此能发芽。

离不开水的植物

植物界的水中居民是人们熟知的水生植物。在江河、湖泊里，水生植物是十分丰富的。有出污泥而不染的荷花，爽甜脆嫩的荸荠，别具风味的茭白、慈姑，水乡名产的菱、莼菜、芡实，廉价饲料水葫芦、水花生，禽畜饲料浮萍，还有水下栖生的眼子菜、金鱼藻、狐尾藻、苦草等。这些植物生活在过量的水环境中，与陆地环境迥然不同。水环境具有流动性，温度变化平缓，光照强度弱，氧含量少。那么水生植物是怎样适应水环境的呢？

水环境里光线微弱，然而水生植物的光合性能并不亚于陆生植物。原来，水生植物的叶片通常薄而柔软，有的叶片细裂如丝呈线状，如金鱼藻；有的呈带状，如芳草。水车前的叶子宽大、薄而透明。叶绿体除了分布在叶肉细胞里，还分布在表皮细胞内，最有趣的是叶绿体能随着原生质的流动而流向迎光面。这使水生植物能更有效地利用水中的微弱光。黑藻和狐尾藻等沉水植物，它们的栅栏组织不发达，通常只有 1 层细胞，由于深水层光质的变化，体内褐色素增加呈墨绿色，可以增强对水中短波光的吸收。漂浮植物浮叶的上表面能接受阳光，栅栏组织发育充分，可由 5~6 层细胞组成。挺水植物的叶肉分化则更接

近于陆生植物。

水中氧气缺乏，含氧量不足空气中的1/20，水生植物要保证空气的供应，因此那些漂浮或挺水植物具有直通大气的通道。如莲藕，空气中的氧从气孔进入叶片，再沿着叶柄那四通八达的通气组织向地下根部扩散，以保证水中各部分器官的正常呼吸和代谢的需要。这种通气系统属于开放型。沉水植物金鱼藻的通气系统则属于封闭型的。其体内既可贮存自身呼吸所释放的二氧化碳，以供光合时之需，同时又能将光合作用所释放的氧贮存起来满足呼吸时的需要。

水生植物很容易得到水分，因而其输导组织都表现出不同程度的退化。特别是木质部更为突出。沉水植物的木质部上留下一个空腔，被韧皮部包围着。浮水植物的维管束也相当退化。

在池塘和湖泊中，常可见到各种浮水植物安静地漂浮于水面。它们借助于增加浮力的结构，使叶片浮于水面接受阳光和空气。如水葫芦，它的叶柄基部中空膨大，变成很大的气囊。菱叶的叶柄基部也有这种大气囊。当菱花凋落的时候，水底下就开始结出沉沉的菱角。这些菱角本来会使全株植物没入水中，可是就在这个时候，叶柄上长出了浮囊，这就使植物摆脱了没顶的威胁，而且水越深，叶柄上的浮囊也就越大。

咬人草

有一种小草叫荨麻，牧民们称之为"咬人草"。当你顺手抓它（从下往上顺毛捋）则不痛，逆手抓或撞上即奇痛难忍。"咬人草"茎上的螫毛，用以杀伤来犯的敌人而保卫自己。荨麻为荨麻科多年生的草本植物，春发冬谢，通常高为 50～150 厘米，茎直立，有 4 棱，全株密生螫毛，叶似大麻叶子。别看它其貌不扬，农牧民却把它视为珍宝。如果有人遭到毒蛇咬伤，将新鲜的全株荨麻捣烂取汁敷伤处，可迅速治愈；对于草原上常见的风湿性关节炎，寻适量荨麻煎水洗患处，相当有效。

棉花出现颜色的秘密

有时候，我们在郊外游玩，偶尔经过一片正在开花的棉田，不由得为那盛开的花朵而赞叹不已：多美的花啊！整片棉田五彩缤纷，有白色、黄色、玫瑰色、紫色，真没想到，雪白的棉桃竟是彩色的花朵孕育出来的。可是，更令人意外的是，你仔细一瞧，在同一株棉花上，竟会开着几种不同颜色的花朵。这是怎么回事呢？

原来，棉花的花朵会变戏法，早晨，刚开的花是白色的，不久，逐渐变成黄色。到下午，又变成了粉红或红色。到了第二天，变得更红，或是绛红色，或是紫色。最后，整个花冠都变成灰褐色，然后从子房上脱落下来。这时子房开始发育，逐步变成棉桃。

棉花的花瓣会变色，是因为它的花瓣里含有各种各样的色素，随着太阳光的照射和温度的变化，色素也跟着发生变化。某一阶段时哪一种色素表现的条件最成熟，花瓣就显示出这一种颜色。

149

棉花的花朵会变几次颜色，而棉株上各部分的花朵开放的时间都不一样，有的先开，有的后开。当后开的花朵刚刚是白色时，先开的花朵已变成黄色或红色，再早的花朵可能已成紫色了。所以，我们就会在同一株棉花上看到几种不同颜色的花朵。

不仅如此，不同的棉花品种，花的颜色也不一样。如陆地棉的花初开时是乳白色的，后来转为淡红色或紫色；亚洲棉初开花是淡黄色，然后变成中心带紫色；海岛棉的花则是由柠檬黄变成金黄色。

瓜果的酸甜的秘密

我们吃东西之所以会感觉到甜酸苦辣各种味道，这是它们所含的化学物质刺激舌蕾上的味觉细胞而产生味觉的缘故。

植物都是由植物细胞组成的。在植物细胞的细胞质里，用显微镜可以看到一个或几个像水泡似的结构。这种结构叫做液泡，是植物细胞特有的。液泡里充满着细胞液。切割西瓜和番茄等果实时，都会有汁液流出来，这汁液就是细胞液，是细胞被切破以后流出来的。瓜果等果实有甜味或酸味，就是由于细胞液里含有带甜味的化学物质或带酸味的化学物质。

带甜味的物质大都是糖类。生物学和有机化学中的糖类比之生活中的糖是广义的，前者包括单糖、双糖和多糖。许多瓜果等果实里都含有葡萄糖、麦芽糖、果糖、蔗糖和淀粉。葡萄糖属于单糖，是结构最简单的糖类，最容易被人体直接吸收，但甜度不足，吃口欠佳；麦芽糖、果糖和蔗糖都属于双糖，尤其是蔗糖，甜度足，吃口好，但进入人体后还须分解成单糖才能被人体吸收；淀粉是多糖，本身没有甜味，但当遇到口腔里唾液淀粉酶和消化道内各种淀粉酶时会分解成具有甜味的麦芽糖和葡萄糖。我们平时吃的主食，如米饭和馒头，因含有大量淀粉，

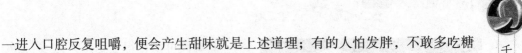

一进入口腔反复咀嚼，便会产生甜味就是上述道理；有的人怕发胖，不敢多吃糖果和甜食，但饭量很大，结果还是可能胖起来，也是上述道理。

带酸味的物质与一些有机酸类是分不开的，如醋酸、苹果酸、柠檬酸（枸橼酸）、琥珀酸和酒石酸等常常存在于果实内。如酸葡萄含有许多酒石酸，而柠檬酸的名称即来自于柠檬，柠檬简直是柠檬酸的大本营。

还有一种鞣酸，它的存在，使橄榄、李子等果实带有涩味。也有些果实，由于成熟度较低，常常也是生硬酸涩的，如生柿子和生香蕉因含有很多鞣酸和其他有机酸，酸涩难食，吃口很差。过去人们早就知道一个成熟的苹果发散的气味，可以引起整箱苹果成熟。家庭中也常常把生柿子、生香蕉放入米缸中密封、催熟，由于果实成熟时内部化学物质的转化，成熟后的果实酸涩味大大减轻，一些糖类增加，吃起来就甜美可口了。到了 20 世纪 60 年代，人们借助较先进的分析仪器，发现上述转化是乙烯起了关键作用。此后，根据乙烯在植物体内促进植物器官（如果实）成熟的作用，把它列入植物激素的行列。

幼嫩（生硬酸涩）的果实中乙烯含量极微，随着果实长大，乙烯的合成加速。乙烯含量增加后，促进了果实更快成熟。现在乙烯已经广泛用来催熟柑橘、柿子、香蕉和棉花等果实。乙烯是气体，应用时不方便，通常人们使用乙烯释放剂——乙烯利来催熟果实。

新疆西瓜甘甜的秘密

近几年，夏末秋初中国北方的西瓜旺季过去之后，北京、天津等大城市的水果市场上，又会出现大量橄榄形的大西瓜。这种长圆形的西瓜，绿皮粉瓤，又脆又甜，深受广大消费者欢迎。虽然价钱比当地西瓜贵得多，可是一上市很快就被抢购一空。这种西瓜就是新疆西瓜。

新疆真可以称得上是瓜果之乡！新疆不仅出产西瓜，那里的哈密瓜、葡萄等，都是水果中的佳品，闻名全国，驰誉世界。如果在瓜果旺季到新疆维吾尔自治区首府乌鲁木齐去，你会看到市场上摆满了各种瓜果，果香扑鼻，让人馋涎欲滴。

新疆为什么能长出这么好的西瓜、哈密瓜、葡萄等瓜果来呢？

新疆深居内陆，远离海洋，四周又有高山环绕，潮湿的海洋气流很难到达，所以雨量少，气候干燥。在这里一天中气温变化大，白天烈日炙烤，气温很高，一到夜晚，气温又急剧下降。日夜之间的温度差能有几十摄氏度，所以有"早穿皮袄午穿纱，守着火炉吃西瓜"的说法。一年里，冬夏之间的温差也有30℃多。由于阴雨天少，阳光照射时间长，这里就成了我国日照时间最充足的地区之一。这样的气候，我们叫它大陆性气候。

这种大陆性气候，一般讲对农业生产是不利的，可是我们知道，农作物和其他植物一样，只要热量和水分条件能满足它的要求，它就能正常生长。当然，新疆并不是到处都具备这些条件的，高山和沙漠地区就不成。但是在一些盆地和绿洲里，水分和热量条件就很好。那里不但有充足的日照，阳光又能使高山上的冰雪消融，给农作物生长提供宝贵的水源。

热量和水分条件具备了，作物就能正常生长，这在什么地方都是一样的，可是新疆出产的瓜果为什么特别甜呢？

这是那里独特自然条件的恩赐。那里日照时间长，温度高，农作物可以充分地进行光合作用，制造大量的淀粉、糖类等有机物质。一到夜晚，气温又降得很低，植物的呼吸作用减弱，这样就减少了养分的消耗。所以，作物果实中能够积累大量的有机物质，不但长得个大，而且养分充足。新疆瓜果又大又甜的秘密就在这里。

中国的甘肃、宁夏等省区，也属于大陆性气候，那里出产的瓜果同样是又大又甜。甘肃出产的白兰瓜，宁夏出产的宁夏西瓜，不也是很受人们欢迎的果中上品吗？

吃菠萝蘸盐水的秘密

如果你买回来一些新鲜菠萝，有经验的长辈一定会提醒你，吃菠萝前需准备好一大碗盐开水（浓度适中），把削好的菠萝果肉先放在盐开水里浸一浸然后再吃。又香又甜的菠萝为什么要蘸盐水后才吃呢？这样菠萝不就变咸了吗？请你放心，菠萝不但不会变咸，反而会更加香甜哩。

菠萝又叫凤梨，是有名的热带水果。它的老家原来在美洲的巴西，以后逐渐扩展到美洲中部和南部，中国是从 17 世纪开始引种栽培的。

菠萝果肉是金黄色的，水分多，含有丰富的营养，如糖分、维生素 C、苹果酸、柠檬酸等，并且有一种特别香甜的味道。在菠萝果肉里还含有一种菠萝蛋白酶，这种酶对我们的舌头和口腔表皮有特殊的刺激作用，而食盐却能控制住菠萝蛋白酶的活动。因此，如果我们吃了没有蘸过盐水的菠萝果肉后，口腔、舌头以至嘴唇都会有一种轻微的麻木刺痛的感觉，这就是酶起的作用。我们把新鲜菠萝果肉先放在盐水中浸一下，吃下去就没有这种麻木刺痛的感觉，当然觉得菠萝特别香甜啦。

菠萝蛋白酶虽然吃上去嘴里的感觉不大舒服，但它其实却是一样好东西，它能分解蛋白质，所以吃了菠萝会增加食欲，使你胃口更好。不过，过多的菠萝蛋白酶也会引起肠胃不适。

这样看来，吃新鲜菠萝还要注意吃法和数量，才能吃得香甜又有益于健康。

另外，还得多提醒你一句，食品店里买来的罐头菠萝已经经过处理，可不要再去蘸盐水噢。

老树哼哼叫的秘密

在湖北省黄陂区木兰山林场的磨针涧旁，有一棵三四百年以上的大枫杨树，这棵树经常发出如人哼哼一样的声音。在辽宁省北票县八家子乡南窝有一棵二百年以上的大榆树，这棵树每逢雨后天晴时也有哼哼的声音。这是什么声音？难道树真的会哼哼叫吗？

1984 年夏，林场派人日夜守在大枫杨树旁边，闻其动静，听其哼哼，树上没有鸟类，也没有蛇类，是什么在哼哼叫？几个人想了一个打草惊蛇的办法，买来一挂鞭炮在树下放了起来，不见树上有什么动物，又用长木杆往树上乱捅，也不见有什么新动响。所听到的还是哼哼之声。几个人日夜守住枫杨树，没有查找到哼哼的来源。又专程去请来华农孝感分院研究昆虫的专家共同考察。找寻的结果是：树洞里是大批蜈蚣在活动，它们的呼吸产生一种哼哼之声。

大树哼哼叫之谜没被揭开之前，不少人认为树里有仙，常常在树前烧香磕头，求仙保佑。如今再也没人来进香了。

这棵大榆树在一家农民院中，自从这树哼哼叫以后，没人敢来串门做客，并传说这户富了起来。当地农民说：这树上有一对大蜈蚣，平时不出来，雨后天晴的时候它才出来晒太阳，我们见过。有的农民说：这虫成精了，可不能乱说什么。后来有些不信邪的青年买来了有毒的农药，喷到树上，从此树上的蜈蚣不见了，哼哼之声也没了。

红色海洋的秘密

　　航行在大洋上的人们，常常可以看到一种非常奇异的景色。在大洋浅海区，海水有时绿一块、黄一块、红一块，错杂在一起，形成了一幅美丽的彩色图案，好像海水开了花似的。经过多年的观察研究，海水开花的真相终于弄清楚了。原来，这些水里大量繁殖着各种浮游藻类植物。不同种类的浮游藻类植物含有不同的色素，随着季节的交替，颜色也随着不断地变换，于是海水也就开放出不同颜色的花朵。

　　浮游藻类是海洋植物的重要组成部分，遍布各大洋近海区的表层海水中。在几百种浮游藻类中，大多数浮游藻类喜欢生活在热带和温带海水里，所以热带海面上经常可以看到海水开花的奇景。而在温带和寒带海面上以及远离海岸的深水区，海水开花的现象就少得多了。

　　你听说过红海这个海名吗？它为什么叫做红海？那里的水是红色的吗？为什么那里的海水是红色的呢？提起红海，人们的脑海中不免总要想到这一系列的问题。而这些问题在一般地理书中往往是找不到答案的，因为这些问题已经不属于地理学范围，而是植物学问题了。为什么呢？因为红海的水之所以发红确是一些特殊植物在那里作怪！

　　究竟是什么植物在作怪呢？是一种叫做红色毛状带藻的植物，把那里的海水染成了红色。这种植物的个体并不大，有点像丝带的样子，平常生长在较深的海水中，但要周期性地浮到水面上来。它细胞中含有的红色色素较多，所以整个植物体呈现红色。无数的红色毛状带藻密集成片地浮在海水里，于是就把蔚蓝色的海水染成了红色，这就是红海的由来。

　　那么，红色毛状带藻是不是属于红藻这一家族呢？不，它属于一个叫做蓝

藻的家族。

蓝藻都含有一种特殊的蓝色色素。但蓝藻也不全是蓝色的，因为它们体内含有多种色素，由于各种色素的比例不同，所以不同的蓝藻就有不同的色彩。红色毛状带藻含有的红色色素较多，所以呈现红色了。

在这里，还想顺便告诉你们一件稀奇事：有一次一艘轮船驶过格陵兰，海员们发现海岸上的雪是鲜红的，大家感到很奇怪，于是上岸去看看，一检查才知道那里的雪还是普通的白雪，只是在白雪上覆盖着薄薄的一层鲜红颜色。这层颜色是怎么来的呢？那是由一种极简单极微小的雪生衣藻、雪生黏球藻造成的。它们小得连肉眼都看不清楚，但颜色鲜红，不怕冷，而且繁殖很快，只要几个小时就能把一大片白雪覆盖起来。

另外，还有一些黄色藻类，如勃氏原皮藻、雪生斜壁藻等，它们细胞中含有大量溶有黄色素的固体脂肪，能把白雪变成黄雪。

在阿尔卑斯山和北极地区，常会遇到绿雪，那是由于绿藻类中的雪生针联藻等大量繁生的结果。1902年有人在瑞士高山上发现了一种褐雪，据研究，主要是针线藻造成的。至于黑雪，不过是深色的褐雪罢了。

在雪中生长的藻类叫做冰雪藻或雪生藻类。它们常常出现在南北两极和高山地区，在雪地里大量繁生以后就把积雪染成各色彩雪。如果暴风把这些藻类从地面上刮到高空中去，和雪片粘在一起，这就是一场从天而降的彩雪了。

绿色地毯的秘密

几十年前，国外的一个牧场曾发生过这样的一件事：那年，牧民们同往年一样，在牧场里播种了牲口爱吃的三叶草和禾本科牧草。但不知道是什么原因，这年的牧草长得又矮又小，枯黄萎靡，有的甚至死亡。牲口由于缺乏饲料，也都长得又瘦又小。

奇怪的是，在那满目衰败、荒凉的牧场上，却有带状的一片牧草长得茁壮碧绿，远远望去，就像是一条长长的绿色地毯，铺展在地面上。这是什么原因呢？人们沿着地毯去寻找问题的答案。结果发现，这条地毯一直通到牧场旁边的一个钼矿工厂。再仔细观察，人们又发现，这个厂的工人经常穿过牧场草地上班下班，而他们穿的皮靴上又常沾有一些钼矿粉或含钼的液体。这条绿色地毯，正是工人们日常所走的道路。

绿色地毯之谜终于被人们揭开了。原来，牧草的生长需要微量的钼。由于那个牧场的土壤里缺少钼，所以牧草不能正常生长。而那条路上却因为工人靴子上沾的钼不断渗入到土壤里，使土壤中有充足的钼能满足牧草生长的需要，因而那条路上的牧草才长得如此茂盛，形成了一条长长的绿色地毯。

人们经过广泛和深入的研究，认识到任何生物的生存都必须从空气、阳光、水分、矿物质和有机物质中吸取养料。人要维持生命的正常运动，必须每天从食物中吸取人体所需要的蛋白质、脂肪、淀粉、水分和各种矿物质。在这些食物中，还包含着多种不同的维生素。有的含量虽然极少，但却都是人体所不可缺少的。如若缺少某种维生素，人就会患某种疾病。例如夜盲症，就是由于缺少维生素 A 引起的。当给患有这种病的人补充了适量的维生素 A 以后，病就能痊愈。

农作物的生长发育，同人一样，也必须每时每刻从土壤里吸取足够的养料。尤其是氮、磷、钾，它们被人们称为农作物生长的三要素。同时，农作物还必须吸取硼、锰、锌、镁、铜、钴、钼等其他几十种元素。这些元素在农作物体内的含量虽然极微（称为微量元素），一般只占几万分之一，但却同维生素对于人一样，是不可缺少的。

微量元素是作物体内以及其他参与调节生理活动的有机质的组成部分。它们既参与糖类、蛋白质与脂肪等物质的合成，又促进植物体内的重要物质，如激素等的生成。农作物缺少微量元素，同样会生各种各样的毛病，不能获得好的收成。例如缺少锌，果树会得叶斑病，桐树会得棕斑病，玉米会得白芽病；缺少锰，甜菜会得黄斑病，燕麦会染上灰斑病，麻会得黄萎病。所以，怎样给

农作物吃好吃足维生素，也是争取农业高产的一个重要的研究课题。

近几年来，我国农业科技人员在研究农作物微量元素肥料方面也取得了可喜的成绩。黑龙江省绥化县在 7 万多亩大豆土地上，每亩增施钼酸铵 0.1 ~ 0.27 千克作为基肥，平均每亩增产了 19.5 千克，还提高了大豆里蛋白质的含量。湖北省沙洋农场农业科学研究所在江汉平原地区，对棉花增施了少量硼肥，每亩增产皮棉 3.27 ~ 8.24 千克。中国农业科学院陕西分院，对豆科绿肥毛叶苕子，在施磷肥的基础上，还进行了施锰肥的试验，结果不但提高了鲜草产量，还缩短了生长期。

花盛开的秘密

大自然里，一年四季都有娇丽多彩的花，牡丹有牡丹的美，菊花有菊花的美，大丽花美得典雅华丽，茉莉花美得小巧玲珑，玫瑰美得妖冶，百合美得端庄，让我们赏心悦目。但是，花到底是怎样形成的，古时候流传着许许多多神奇的传说。

按照希腊神话的说法，白玫瑰花是酒神们的宴会上流出来的香汁变成的；而红玫瑰是女神阿弗罗吉塔的手指被玫瑰刺扎破而流出来的鲜血所染红的；水仙花则是一个青年变来的。相传这个青年，长得非常漂亮，世界上有许多美女向他求爱，没有一个中意的，有一次他在池塘边观赏春景，看到池中有一美人，但他弄不清是自己的容貌，误认为是水中的美女，于是下水求爱，结果淹死在池塘里，变成了美丽的水仙花。我国古代也有很多美丽的传说，相信花起源于一种超自然的力量。在家喻户晓的《秋翁遇仙记》里，就说花是仙女们变来的。

对于花的正确见解，一直到18世纪，才由德国大诗人歌德在1790年提出，花是由叶子变来的。后来经过不少科学家的考察和试验，终于科学地证实了上述论断。

在地球上生长着千千万万种植物，它们都在特定的条件下开出奇花异葩。植物的开花究竟是受什么因素影响和控制呢？一个多世纪以来，许多科学家进行了很多艰苦探索，取得了可喜的收获。1903年有位植物学家把一株植物的一部分枝条放在暗箱里，而把其余的枝条放在阳光下，经过光合作用，叶片里的糖积累多了，这株植物的枝条上就全部开花了。1918年有两位植物学家设计了一个实验，在田里搭起一间小木房，在光照较长的7月里，每天下午4时把盆栽的马里兰巨象烟草搬到木房里，第二天上午9时再把它搬到房外，过了一段时间，它提前在夏季开花了。另一盆同样的烟草放在温室里，每日延长光照时间，结果却不开花。实验证明，光照长短对植物开花起着奇迹般的作用。1959年又有人发现植物有一种光敏色素，能使叶子产生激素促进植物开花。近来，植物学家在夏秋季给一棵苹果树施上比一般多3倍的矿质肥料，使原来要4～5年生才开花的苹果，1年生就挂满鲜花。这说明细胞液的浓度高，花儿就开放，反之，花儿就会姗姗迟开。现在又有人认为，生长素对长日照植物的开花可起促进作用，而对短日照植物却起着抑制作用。由此可见，娇艳芬芳的花朵的形成是由多方面的因素所决定的。

一个最高明的画家，也无法把花的纷繁颜色模拟出来。花，五光十色，鲜艳夺目。花中含有一种物质，叫花青素，它遇到酸液呈现红色，遇到碱液呈现蓝色，在无酸无碱的中性状态下，就显出紫色。蔷薇、玫瑰、大理花之类，花青素较多，所以为红色；向日葵、蒲公英、黄瓜花的花青素少，胡萝卜素多，就显出黄色，若是加入花青素它们就变成了橙色。类胡萝卜素有许多种，有的显黄色——黄玫瑰，有的显橘红色——金盏花，有的显红色——郁金香。如果

把紫红色的牵牛花放在碱液里，它就成了蓝色，若放在稀盐酸中，就成了红色。

花，点缀我们生活着的环境，丰富和美化我们的生活，陈毅同志的诗中写道：年年花更好，建设亦相同，旖旎春如锦，看花人更红。今天读起来，是多么的亲切，多么令人鼓舞啊！

花儿结构的秘密

一提到花，人们很自然地就会想到它那艳丽的色彩，诱人的姿态和扑鼻的芳香。但是，对于植物科学爱好者来说，它那精巧奇妙的形态和结构，却更能引起他们的喜爱和兴趣。

所有植物的花都是生殖器官，无论差别多么大，最基本的结构都是相同的。现在先以大家都很熟悉的桃花为例来说明花儿的构造。

摘一朵桃花来进行观察。花的下面生有短柄，叫花柄。花柄的上面有个杯状的构造，叫花托。花托最外面5个绿色的小瓣片叫做萼片，组成花萼，包着未开的花蕾，起了保护的作用。花萼里面是由5片粉红色花瓣组成的花冠，它的作用是招蜂引蝶。花萼和花冠合称花被。再里面是很多一条一条棒状的东西，那是雄蕊，线状的叫花丝，顶端那个带黄色的小球叫花药，是个制造花粉的小工厂。花中央那个长颈瓶状的东西是雌蕊，下面膨大的部分将来变成果实，里面的胚珠发育成为种子，植物学上把它叫做子房。子房顶上有个棒状的东西叫花柱，它的末端膨大，叫做柱头。雄蕊所产生的花粉掉在柱头上，萌发以后，植物雌雄交配的受精过程就开始了。

一朵花里既有雄蕊，又有雌蕊的叫两性花，像稻、麦、棉花、大豆、柑橘、苹果的花都是两性花。有些植物，像玉米、黄瓜、杨、柳、大麻、菠菜等，在同一朵花里只有雄蕊，或者只有雌蕊的花叫单性花。玉米、黄瓜的雌花和雄花，生在同一个植株上，这叫雌雄同株。大麻、菠菜、杨、柳的雌花和雄花，分别生在不同的植株上，叫做雌雄异株。

棉花和莲的花，都是单独一朵花生在茎的顶端，这叫单生花。多数植物的花是很多的花按照一定的次序生在花轴上，组成花序。花序的种类很多，最有趣的要算向日葵的那只大花盘了，一般人常常把它当做一朵花，实质上，它的花轴缩短肥厚，顶端平展，聚生了很多无柄的小花，花轴的外缘基部则由簇生苞片组成总苞，整个样子像只花篮，所以叫做篮状花序。

同一朵花里既有雄蕊又有雌蕊，自己的花粉授予自己的柱头，这是多么方便呀！稻、麦和棉花等很多植物，都是用这种简便的方式来生育后代的，叫作白花授粉植物。

奇怪的是，很多植物都不喜欢这种交配方式。因为同一株植物的雄性细胞和雌性细胞的遗传性是一样的，所生的后代适应环境的能力不强，生命力比较弱，在自然界很容易被淘汰。只有那些花的构造既可避免白花授粉，又能有效地进行异花传粉的植物，才能世世代代健壮地生存下去。花的千变万化和各种精致巧妙的结构，就是为了达到这种生存目的而产生的。

葵花向阳开的秘密

小葵花，金灿灿，花儿总是向太阳。

早晨，旭日东升，它笑脸相迎；中午，太阳高悬头顶，它仰面相向；傍晚，

夕阳西下，它转首凝望。它每天从东向西，始终追随着太阳。难怪人们又叫它向日葵、转日莲和朝阳花了。

葵花为什么总是跟着太阳转呢？早在90多年前，英国生物学家达尔文就对这个现象发生了兴趣。他发现，种在室内的花草，幼苗出土以后，它的叶子总是朝着窗外探，去沐浴那温暖的阳光。如果把花盆的位置移动一下，叶子又会很快地转过头来，继续探向窗外。他把幼苗的顶芽剪去一小块，幼苗虽然还会朝上长，却再也不会弯向太阳了。于是达尔文断定，幼苗的顶端肯定有一种奇怪的东西，能使幼苗弯向太阳。

这究竟是什么东西呢？遗憾的是达尔文还没研究出来就去世了。科学家们继续研究，终于在幼苗顶端找到一种能刺激细胞生长的东西，这就是植物生长素。

植物生长素是个小东西，从700万个玉米顶芽中提取出来的生长素，也只有一根26厘米长的头发那么重。然而，这种小东西十分有趣，阳光照到哪里，它就从那里溜掉，好像有意与太阳捉迷藏似的。早晨，葵花的花盘朝东，生长素就从向阳的一面溜到背阳的一面，帮助那里的细胞分裂或增长。结果，花盘和茎部背阳的部分长得快，拉长了；向阳的一面长得慢，于是植株就弯曲起来。葵花的花盘就这样朝着太阳打转了。

然而，近年来美国的植物生理学家根据这个解释，对葵花作了测定。他们发现，不管太阳来自何方，在葵花的花盘基部，向阳和背阳处的生长素都基本相等。因而，葵花向阳与植物生长素的含量多少是没有关系的。

那么，葵花为什么能向阳开呢？这里，我们不妨做这样一个实验：把葵花种在温室里，然后用冷光也就是日光灯代替太阳光对花盘进行照射。冷光的方向与太阳光一致：早晨从东方照来，傍晚从西方照来。这时，你会发现无论是早晨和傍晚，葵花的花盘都没转动。如果利用火盆来代替太阳，并把火光遮挡起来，花盘就会一反常态，不分白天黑夜，也不管东西南北，一个劲儿朝着火盆转动。

通过许多实验，科学家们对葵花向阳做出了新的解释：在葵花的大花盘四周，有一圈金黄色的舌状小花，中间是管状小花。管状小花中含的纤维很丰富，受到阳光照射后，温度升高了，基部的纤维会发生收缩。这一收缩就使花盘能主动转换方向来接受阳光，特别是在阳光强烈的夏天，这种现象更加明显。

由此可见，向日葵花盘的转动并不是由于光线的直接影响，而是由于阳光把花盘中的管状小花晒热了，温度上升使花盘向着太阳转动起来。因而，从这个意义上说，向日葵还可以称作向热葵。

千姿百态的植物

植物揭秘

可以监测污染的植物

环境污染是一个令地球上的每个人都感到头疼的问题，有没有一个可靠而有效的监测污染的方法呢？其实，大自然里就有这样的能手。

唐菖蒲是鸢尾科植物家庭的著名花卉，老家在非洲南部，亭亭玉立的穗状花序上，开着红黄色、白色或淡红色的花，或鲜艳夺目，或温馨可人。将一束生机盎然的唐菖蒲鲜花送给友人或患者，带去的不仅仅是主人的问候，更有一份浓浓的情谊。

可是，在环境生物学家的眼里，唐菖蒲的闻名并不只在于它的美丽。

20 世纪 60 年代，当环境科学在西方崛起时，美国等国的环境学者们发现，唐菖蒲对空气污染特别敏感，当空气中氟化物达到一定浓度时，叶片就会因吸收氟表现出伤斑、坏死等现象，向人们发出污染"报警"信号。

科学家进一步研究发现，唐菖蒲的"报警"本领惊人，远远超过了人类本身的感觉能力。科学家们将唐菖蒲置于 10 亿分之一的氟化氢浓度下，几小时至几天后唐菖蒲叶片就出现受害反应，而人类对如此低的浓度根本无法"嗅出"。一时间，唐菖蒲由于监测污染的特殊本领受到科学家们的青睐，名声大振。

163

到了20世纪70年代，我国的环境科学兴起，国内学者利用唐菖蒲对氟化物污染的工厂或地区进行实地监测，取得了很好的效果。

有人将唐菖蒲用来监测某磷肥厂的氟污染，不仅能进行"定性"，还能根据叶片的受害程度和含量进行"定量"，结果都相当准确。20世纪80年代，唐菖蒲被广泛用于我国的环境生物学研究，人们称它为氟污染指示植物，是环境监测不下岗的"哨兵"。

唐菖蒲作为监测污染的能手，为人类作出了巨大的贡献，可是，又是什么原因让它具有这样独特的本领的呢？迄今为止，还是一个谜。

神秘的巨菜谷

美国阿拉斯加州的麦坦纳山谷，是个神秘的"巨菜谷"，那里的土豆如篮球，大白菜40千克1棵，白萝卜20千克1个。巨菜谷的蔬菜为何长得如此巨大？这是个至今未解之谜。有人认为，这里土地肥沃，雨量充足，温度适宜。但是在实验室创造出同样条件都长不出同样的巨型蔬菜。也有人认为，这里处高纬区，夏日日照长。但相同纬度的其他地区，也没有出现巨菜。

是不是日照、气候、土壤等都是植物巨型化的必备因素呢？人们也不敢苟同。因为亚洲东北部的萨哈林岛，也是一个各方面与美国"巨菜谷"不尽相同的"巨菜岛"，这里的牧草高可及骑马者的头顶，豌豆、卷心菜、白菜、蒜头等都异常巨大，荞麦更有两人之高。俄国有位叫魏希里的植物学家将萨哈林岛上的荞麦带回欧洲培植，结果第一年长出的荞麦和"巨菜谷"上的完全一样，各农场主竞相购买巨型荞麦，孰料第二年却变得和当地荞麦一样小。以后又有人运萨哈林荞麦到欧洲，结果依旧。

会"爬行"的种子

野燕麦的种子有会爬的本领，它的种子外壳上有一根长芒，长芒分为芒针（上部）和芒柱（下部）两个部分。芒柱平常是扭曲着的，它有个特殊功能，即对空气干湿度极为敏感。空气相对湿度增加，芒柱不断吸水膨胀，随后发生旋转。芒针在旋转

的芒柱带动下也朝同一方向旋转，这时膝状弯曲部分会逐渐伸直，种子便向前爬行。如空气变得干燥，芒柱就会由于不断的失水而干缩，随之产生反向的旋转运动，长芒中间部分又形成膝状弯曲。由于长芒的伸屈运动，种子便产生了向前爬行的动力。

神奇的真菌

16 世纪的时候，墨西哥南部山区一个偏僻的小村庄里，来了一位名叫萨古那的西班牙传教士。当地的阿兹蒂克人和萨古那交起朋友来了，他们不再把萨古那当外人看待。可是，村子西头有一间神秘的茅屋，当地人说什么也不让萨

古那接近。那儿隐藏着什么不可告人的秘密呢？萨古那决心去探个究竟。

　　一天夜晚，萨古那发现，邻居们都不知到哪儿去聚会了。他悄悄地来到那间神秘的茅屋前。屋子里传出了一阵阵鼾声，萨古那硬着头皮把门推开了。他一下子怔住了：满屋子都是昏睡的村民。看来，不久前这儿刚举行过祭祀仪式，然而村民们怎么全会中邪似的睡着了呢？萨古那走到茅屋的中央，那儿有一张供桌，上面还有几只淡紫色、牛角状的东西，也许是村民们吃剩的食物吧。他取过一只，咬了一口，只觉得又苦又涩，便把它放下了。

　　萨古那失望地回到家里。他怎么也睡不着，眼前总是浮现出一些奇怪的幻影，青铜色的火鸡，张牙舞爪的美洲豹，各种各样的妖魔鬼怪。当天晚上，传教士把自己的奇遇记在日记本上，还记下了自己的疑问：为什么村民们都会昏睡过去？那紫色的"牛角"又是什么？为什么吃了以后会产生幻觉？

　　不久，萨古那带着这些未解之谜离开了人世。后来，一个偶然的机会，美国人约翰和沃森夫妇俩发现了他遗留下来的日记。约翰是退休的银行职员，沃森是位小儿科医生，研究人种学和人类发展史是他俩的业余爱好。读完这本神秘的日记后，他们的心情十分激动，决定马上前往那个墨西哥的小山村。在那个山村里，他们经常义务为村民看病，还抢救了不少重患者，因而赢得了村民们的信任。

　　又一个祭神节来到了，约翰和沃森应邀来到了村边的茅屋。刚走进大门，他们就看到屋角绑扎着牲畜，燃着篝火。屋里挤满了虔诚的村民，祭台上放着十字架和一大堆淡紫色的"牛角"。一位老妇人担任祭主，只见她一口气吞下20个"牛角"，然后开始分发剩下的"牛角"。10多分钟后，吃完"牛角"的村民们又唱又跳，陷入了一种疯狂状态。约翰夫妇也吃了几个"牛角"，不多时，他们也变得昏昏沉沉了。后来约翰回忆说，当时他的眼前出现了火鸡、手持长矛的印第安武士的幻象，而沃森则梦见火鸡和别的动物。第二天一早，他们醒了过来，发现同屋的村民们还在酣睡，便取了几只"牛角"跑回住所。他们给美国生物学家海姆博士写了封信，并寄去了"牛角"。

　　海姆博士仔细鉴定了约翰寄来的"牛角"，断定这是一种会使人产生幻觉的真菌——麦角菌。埃及、中国和欧洲一些国家也有这种真菌。每年春夏之际，麦角菌会产生一种叫孢子的小细胞，这些孢子由风或昆虫传播到开花的黑麦和小麦的柱头上，萌发后形成菌核。这种菌核很硬，形状像牛角，所以叫麦角。中世纪的时候，许多农民得了一种昏睡病，就是因为吃了混有麦角菌的面粉的缘故。

海姆博士吃了一小块麦角菌，20 分钟后，他的眼前仿佛出现了火鸡，他感到自己好像刚从远古时代回来那样，周围的东西既陌生又熟悉。这种幻觉一直持续了 6 个小时。博士用约翰寄来的菌种培养出许多小麦角菌，他又吞吃了一些，幻觉再一次出现了。

海姆把自己的发现和约翰夫妇的样品，寄给瑞士化学家戈夫曼，请他帮助分析致幻物质的化学成分。起初，戈夫曼对海姆的话有点半信半疑，他也吃了一些麦角菌，只不过半个小时，戈夫曼感到自己好像被劈成了两半，所有的东西都变得扭曲起来。他这才信服了。戈夫曼费了九牛二虎之力，把麦角菌的致幻成分——麦角酸提取出来了。他用实验证明，这种物质能使人出现幻觉，变得疯狂起来。墨西哥真菌之谜，终于被解开了。

竹子不开花的秘密

一般的绿色开花植物都会开花结果，繁衍后代，这对物种的延续有重大意义。竹子大都依靠营养繁殖（无性繁殖），生发竹鞭、竹笋，萌发新生一代。当然，竹子也是会开花结果的，只不过竹子轻易不会进入这一步。一些无知迷信的人们少见多怪，就无端地把它与眼前的或以后发生的某些倒霉事物联系起来，甚至看作不祥之兆。其实，这纯属无稽之谈。

常见的绿色开花植物，尤其是多年生植物，它们开花的时候，往往都是生长最旺盛的时候。唯有竹子不一样，它一旦开花，就预示着它的生命历程已接

近尾声，生长也将近枯竭。

有些人之所以会把竹子开花看作不吉利，是因为他们觉得竹子开了花就会衰败，像一件事物盛极而衰，或像个貌似健康的人突然因心血管发病而死去，所以竹子开花背上了一个不祥之兆的黑锅。

竹子之所以开花也是一种本能——繁衍传种接代。它要在生命将结束之前，开花结果留下一些种子，以便再度繁殖，物种留存。

竹子是多年生植物，它选择开花的时机不像一般多年生植物，可以年年开花结果，却又年年旺盛生长。竹子更像一些一年生的植物——只有一次开花结果的高潮，即盛极而衰。如水稻、小麦、油菜和棉花四大作物，都是一年生植物，一年一度开花结果，紧接着便衰败死亡。

那么是什么原因促使竹子生命力不旺盛、在走向末日前开花呢？人们经过多次探索，方才弄清竹子的生命不再延长下去的主要原因常常是由于人们管理工作不善，导致竹林土壤肥力已经耗尽无补，竹子得不到应有的基本养料而走上自杀性的开花阶段。如果这时及时地进行中耕和追肥，并挖去开花的竹子，砍除一些徒耗养料的老竹，切实做好竹林的管理工作，是有可能把濒临死亡边缘的竹林挽救过来的。

竹子虽不像松柏那样有千年长寿，可是一般也能活几十年，也能不断进行营养繁殖，衍生后代。一旦新竹长成，就应及时适量砍去部分老竹，注意土壤肥力的保持，那么成片成片的竹林就可能长期郁郁葱葱，繁茂地生长下去。

竹子开花有时还会带来意想不到的严重后果，如生长在中国西南山区的国宝——大熊猫是以野生的箭竹为主食的，每逢大批箭竹开花，受到伤害最重的就是大熊猫。在明确了上述道理后，人们正不断作出努力，力争使自然保护区内的箭竹不开花或少开花，切实保护好大熊猫的食物来源和生存环境。

飞轮草的秘密

广西壮族自治区融安县大苍乡新安村青年农民余德堂，于 1983 年秋天去本乡山林里采药，发现了两棵人间罕见的怪草。它们似草非草，似树非树，又似小型灌木，其怪就怪在其叶子上。这种叶子自己转动，有风没风都自动转动，一棵植物的叶全部自动转动，你说奇怪不奇怪？正因为奇怪，余德堂十分小心地把它挖回家去，进行了精心培育，就在当年这两棵怪草树开花结籽了。当地人们给它起了个名叫风流草，现又称为飞轮草。

经有关部门鉴定，风流草属于多年生落叶灌木植物，是世上首见之物。它在大地上生长，高达 2 米。如果栽在盆里，最高长到 0.6 米，杆有大拇指粗；每张叶柄上长有 3 片叶子，正中是一片主叶，主叶两旁是一对副叶，两片副叶围着主叶自然转动，转动的速度与气温有关，如气温在 30℃，副叶转得很快。

如果在公园、家庭院落栽上几棵飞轮草显然给那里增添了活力，好像有了一棵电子树一样，让观者好奇不解。

青年农民余德堂把这两棵怪草培养成活，收到种子，又栽培了数百棵，引来了国内外无数专家前来商讨购买。余德堂现已将此怪草献给公园等地。

妇女树的秘密

意大利自然科学家罗利斯，在尼日利亚丛林处的土著居民居住地，发现一棵奇异的树，它高约4米，茎长42厘米，茎的顶端竟长有一个性器官。罗利斯经过18个月的观察，初步发现了这棵奇树的秘密。

这棵奇树没有花蕾，它的35朵花是从性器官分娩出来的，就像动物生育后代一样。奇树分娩后15天，鲜花开始枯萎，树的性器官也开始萎缩。到12月份，尼日利亚夏天来临，才重新出现。

奇树结果也是在性器官内进行。就像母体内的胎儿那样，生长期长达9个月。它的外胎呈灰色，草质，内有果肉和几颗核，成熟后就离开母体。但种子没有生命力，不会发芽生长。罗利斯把这棵命名为妇女树，他认为妇女树大概是土著居民从密林中其他同类树上切树芽移植到居留地，经过精心培育而成活的。

为了证实这一设想，罗利斯在森林中徒步跋涉500千米，终于发现了两棵同类的妇女树，并证实这种树非常稀有，濒于绝种。这种奇树已引起了植物界强烈的反应，但它特异的生理机能，至今却仍然是不解之谜。

最古老的树木

无需再去想象 3.8 亿年前树木的样子，因为它的原貌已经再现。据路透社报道，美国科学家利用几块远古树木化石，拼凑出地球上最古老的树木模型。他们还发现，这种古树形似现代棕榈树，对远古时代的气候变迁和生物演变发挥了决定性作用。

百年之谜

地球上最古老树木名叫瓦提萨树，距今已有 3.8 亿年。

1870 年，在纽约州吉尔博阿市的一处采石场，工人在爆破作业时发现一块瓦提萨树化石，这是瓦提萨树首次亮相于世。但由于它仅是一段树桩的化石，因此科学家无法依据它勾勒出树木原貌，只能作出种种推测。

直至 2004 年，赫恩尼克和曼诺利尼在吉尔博阿附近发现一块完整的树冠化石和部分树桩化石。一年后，他们又在同一地点找到一块长 8.5 米的树干化石，而这些化石全部属于瓦提萨树种。

形态再现

由于赫恩尼克和曼诺利尼发现的两块瓦提萨树化石更为完整，足以使他们呈现出瓦提萨树的原貌，给揭开这个已经延续 100 多年的古树之谜带来希望。

他们将这些化石拼凑起来，成功再现瓦提萨树的完整形态。它高约 9.14 米，外形与现代的棕榈树极为相似。

这一发现意义重大。赫恩尼克接受路透社电话采访时说："古植物学者普遍认为，生长在晚泥盆世时期的古羊齿是地球上最早出现的树木，而我们的发现将地球最早树木出现的时间大大提前。"

瓦提萨树生长在3.8亿年前的中泥盆世，比古羊齿的出现早2300万年。

赫恩尼克说，瓦提萨树已经初具现代树的形态，出现树枝结构，树叶呈刷子形，而非现代树木的片状树叶。它属于蕨类，与藻类、蕨类和真菌类植物一样采用孢子繁殖方式。

地球演变

赫恩尼克和曼诺利尼认为，瓦提萨树对原始地球气候环境的演变发挥作用。这种树木出现时正值地球生物演变史上的转折点。当时，四肢两栖动物爬出水面，到陆地上生活，演变成第一批脊椎动物。

"地球表面覆盖着大片（瓦提萨树）森林，从大气层中大量吸收二氧化碳，使地表温度下降，达到与现在相似的温度，使许多生物生存成为可能。"赫恩尼克说。

来自英国卡迪夫大学，同样参与这项古树化石研究的克里斯托弗·贝里说，研究瓦提萨树对科学家理解古生物演变具有重大意义。"作为地球上最早出现的树种，瓦提萨树创造了全新的微观生态系统，适合小型植物和昆虫生长，从客观上储存了大量的碳。同时，大面积的森林还起到加固土壤的作用。"

最敏感的地震植物

　　鱼浮水面、鸭不下水、鸡上房顶、老鼠搬家、猪不进圈……这些动物出现的异常现象，已被大量的事实证明是地震前动物特有的反应。这种现象早已被科学家们用来作为预测地震的一种方式。科学家们通过研究又发现，在大的地震发生以前，植物也会有异常反应。在地震的孕育过程中会产生地湿、地下水及地磁场等一系列物理和化学变化。由于环境的变化，会使植物的生长也产生相应的变化。因此，当植物有不正常的开花、结果甚至大面积死亡等异常现象出现时，就是一种无声的地震预报，这种预报比动物对地震异常反应的时间更早、更久，更有利于人们及早采取相应的对策，避免地震给人们造成更大的危害。

　　云南西双版纳、德宏等地区的含羞草就是这样一种对地震颇为敏感的植物。

　　含羞草，又称知羞草、怕痒花和惧内草。是一种豆科草本植物，茎基部木质化，在亚热带地区为多年生。含羞草枝上有锐刺，茎直立，也有蔓生的。叶为羽状复叶，对生，总叶柄上着生羽叶 4 个，每个羽叶上由 14～18 枚小叶组成，小叶为矩圆形。花淡粉红色，花期为 7～10 月，果为荚果，种子呈扁圆形。

　　含羞草的叶子具有相当长的叶柄，柄的前端分出 4 根羽轴，每一根羽轴上生两排长椭圆形的小羽片。花，粉红色，头状花序。含羞草被触摸后，先是小羽片一片片闭合起来，4 根羽轴接着也合拢了，然后整个叶柄都下垂。

　　含羞草常见于路旁、空地等开阔场所。全株皆可入药，根部泡酒服用或与酒一起煎服，可治风湿痛、神经衰弱、失眠等；与瘦猪肉一起炖煮食用，可治疗眼热肿痛、肝炎和肾脏炎；叶片的鲜品捣烂，可敷治肿痛及带状疱疹等，颇具止痛消肿之效。

含羞草原产于南美热带地区，喜温暖湿润，对土壤要求不严，喜光，但又能耐半阴，故可作室内盆花赏玩。含羞草小叶细小，羽状排列，用手触小叶，小叶接受刺激后，即会合拢，如震动力大，可使刺激传至全叶，则总叶柄也会下垂，甚至也可传递到相邻叶片使其叶柄下垂，仿佛姑娘怕羞而低垂粉面，故名含羞草。那么是不是叶子真的怕羞呢？当然不是。

含羞草为什么会"含羞"呢？含羞草的叶柄基部和复叶基部，都有一个膨大部分，叫做叶枕。叶枕中心有一个维管束，周围有许多薄壁细胞。在平时，每一个细胞中都充满了足够的水分，因而膨胀，使叶枕挺立着，所以叶片舒展，但一受到刺激，叶枕细胞所含的水就流到细胞间隙中，于是叶枕就发生萎软现象，叶片也就随之闭合下垂。含羞草的老家在热带美洲，那里常有暴风骤雨，含羞草的这种"含羞"特性，十分有利于保护自己，免遭风雨摧折。又似窗前羞涩的少女，一遇生人便立即关闭窗户，颇具趣味性、观赏性。

含羞草的叶子平常在白天是横着呈水平张开，夜里呈合闭状态。这种草因对环境影响很敏感，当触及人们的手、足、衣物或呼出的气体时，它的叶子会怕羞似的很快合抱起来，不让人们看清它的叶体。

含羞草不仅对人体非常敏感，对地震现象也很敏感，在大的地震到来之前，含羞草的叶子会一反常规：白天不呈张开状态反而呈合闭状态，夜间不呈合闭状态反而呈半开或全开状态。科学家们发现，当这种叶片状态发生异常变化时，就预示着这一带地区将发生较大的地震。

毒性最强的树

在两个世纪前，爪哇有个酋长用涂有一种树的乳汁的针，刺扎"犯人"的胸部做实验，不一会儿，"犯人"窒息而死，从此这种树便闻名于全世界。我

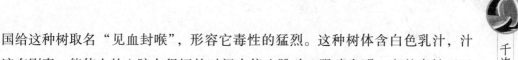

国给这种树取名"见血封喉"，形容它毒性的猛烈。这种树体含白色乳汁，汁液有剧毒，能使人的心脏在很短的时间内停止跳动，眼睛失明。它的毒性远远超过有剧毒的巴豆和苦杏仁等，因此人们认为这是世界上最毒的树木。

不过，人们最初认识这种植物，是在付出了惨重的血的代价之后。

1895年，英国殖民军入侵波罗州（今加里曼丹岛），凭借先进的火器，迫使土著人退入丛林中，当英国人向丛林中追击时，却遭到了箭矢的袭击。英国人根本就没把这种用芦苇削成的箭放在眼里，它细细薄薄，几乎没有什么杀伤力，射在身上，充其量就是划破点皮肤而已。英国人勇气百倍地呐喊着，继续向前冲去。

哪里知道，没冲多远，那些中过箭的士兵却陆续倒了下去，在地上抽搐起来，不久，就口吐白沫停止了呼吸。这使英国人大为恐慌，赶忙退出丛林，逃了回去。

后来，英国人才知道，在波罗州生长着一种桑科植物——箭毒木树。这种树的树皮、枝条一旦破裂，就会流出有剧毒的白色乳汁，人、野兽如果不小心眼中滴进乳汁，两眼顿时失明；皮肤破了，沾上了乳汁，会使血液凝固，心脏停止跳动。当地土著居民常用这种树汁涂在箭矢上，用于捕杀猛兽。这次他们用来对付英国人的，正是这种致命的毒箭。

像这类能制毒箭的箭毒木树，我国西双版纳和海南岛等热带丛林中也可见到，叫做"见血封喉"。相传在西双版纳，最早发现箭毒木树汁液含有剧毒的是一位傣族猎人。这位傣族猎人在一次狩猎时被一只狗熊紧逼而被迫爬上一棵大树，而狗熊也跟着爬上树来。猎人折断一枝杈刺向狗熊的嘴里。奇迹发生了，狗熊立即倒毙。从那以后，西双版纳的傣族猎人在狩猎前，常把箭毒木树的汁液涂在箭头上，制成毒箭来对抗猛兽的侵害，凡被猎人射中的野兽，只能走上三五步就会倒毙。每逢人们提到箭毒木树时，往往是"谈树色变"，把它称为

"死亡之树"。

箭毒木树是一种桑科植物。傣语叫"戈贡"，学名为 Antiaristocicaria，是一种落叶乔木，树干粗壮高大，树皮很厚，既能开花，也会结果；果子是肉质的，成熟时呈紫红色。

箭毒木树的干、枝、叶子等都含有剧毒的白浆。用这种毒浆（特别是以几种毒药掺和）涂在箭头上，箭头一旦射中野兽，野兽很快就会因鲜血凝固而倒毙。如果不小心将此液溅进眼里，可以使眼睛顿时失明，甚至这种树在燃烧时，烟气飘入眼里，也会引起失明。

当地民谚云："七上八下九不活"，意为被毒箭射中的野兽，在逃窜时若是走上坡路，最多只能跑上 7 步；走下坡路最多只能跑 8 步，跑第 9 步时就要毙命。人身上若是破皮出血，沾上箭毒木树的汁液后，也会很快死亡。用毒箭射死的野兽，不管是老虎、豹子，还是其他野兽，它的肉是不能吃的，否则人也会中毒而死去。因此，西双版纳的各少数民族，平时狩猎一般是不用毒箭的。见血封喉的毒液成分具有强心、加速心律、增加心血输出量作用，在医药学上有研究价值和开发价值。

有意思的是，由于见血封喉的树皮厚而富含纤维，生活在西双版纳的傣族人民还用它来做"毯子"。虽然见血封喉有剧毒，但因其树皮厚、纤维多，且纤维柔软而富弹性，是做褥垫的上等材料。西双版纳的各族群众把它伐倒浸入水中，除去毒液后，剥下它的树皮捶松、晒干，用来做床上的褥垫，舒适又耐用，睡上几十年也还具有很好的弹性。如果将纤维撕开后进一步加工，还能织成布，傣族妇女可用它来制作美丽的筒裙。

箭毒木树是稀有树种，分布在云南和广东广西等少数地区，在东南亚和印度也有，是中国的热带雨林的主要树种之一。随着森林不断受到破坏，植株也逐年减少。

除了箭毒木树外，还有一些树的毒性也很大。美洲巴拿马运河两岸，有一种叫"希波马耶·曼西奈拉"的树，它的含毒量也不低。连从它枝叶上跌落下来的雨滴掉在人的皮肤上，也会引起皮肤炎症。

质量最轻的树

生长在美洲热带森林里的木棉科大乔木的轻木树，也叫巴沙木树，是生长最快的树木之一，也是世界上最轻的木材。这种树四季常青，树干高大，叶子像梧桐，5 片黄白色的花瓣像芙蓉花，果实裂开像棉花。我国台湾南部早就有引种。1960 年起，在广东、福建等地也都广泛栽培，并且长得很好。

轻木树又称百色木，属于木棉科、轻木属，是一种常绿乔木。一株 10~12 年生的轻木树高 16~18 米，径粗 1.5~1.8 米。其树干挺直，树皮栋褐色。叶片似心脏形，片片单叶在枝条上交互排列，叶的边缘具有棱状的深裂。花长得很大，是白色的，着生在树冠的上层。果实称作蒴果，长圆形，里面有绵状的簇毛，由 5 个果瓣构成。种子是倒卵形的，呈淡红色或咖啡色，外面密被绒毛，犹如棉花籽一样。

轻木树生长非常迅速。一年就可高达 5~6 米，径粗 30~40 厘米。由于它体内细胞组织更新很快，又不会产生木质化，所以不论是树根、树干、树枝各部分都显得异常轻软而且有弹性。

这种树木比用来作软木塞的栓皮栋还要轻两倍。一根长 10 米，合抱粗的轻木，就算一个妇女也能轻易地把它扛起来，干燥的

轻木比重只有 0.1 ~ 0.2。由于它导热系数低，物理性能好，既隔热，又隔音，因此是绝缘材料、隔音设备、救生胸带、水上浮标及制造飞机的良材。

最凶猛的树木

　　大自然是千奇百怪的，谁会想到，整天"站立"不动的树木居然也有会"吃"人的。

　　最早报道"吃人树"的，是19世纪后半叶的一些探险家，其中有位名叫卡尔·李赫的德国探险家。他在一次探险归来后，于1881年在马达加斯加的《安塔那那利佛年报》上刊登了一篇文章，介绍他在马达加斯加遇到"吃人树"的亲身经历。

　　卡尔·李赫自称他进入非洲这个岛上的姆科多部落，在那里看到当地居民奉为"神树"的捷柏树。黑褐色的树干上长满铁硬的刺，树上长有8片叶子，叶片上长着钩子，能收合和张开。有一次，姆科多人带他到一个密林空地上，人们跳起部族宗教舞蹈，像过什么节日似的。这时一名据说违反了部族戒律的土著妇女，被逼迫到捷柏树下，又被驱赶着爬上神树，开始喝捷柏树的黏液。这时，树就像睡醒了似的，叶子伸展开来，像手一样扬起来，其中一片抱住了妇女的头。树下的姆科多人看到此情景，跳啊，喊叫啊，声音一浪高过一浪。正当他们神魂颠倒时，捷柏树的叶子全部直竖起来，8片带钩的叶子合拢，形成一大朵花，将她紧紧包裹在里面。过了不久，顺着树干流出鲜血的液体，这是女人的鲜血和这棵"吃人树"的黏液混合物。这时，姆科多人发狂似的，你拥我推地奔向捷柏树，品尝这耸人听闻的"鸡尾酒"。人们喝醉了似的乱蹦乱跳，庆祝这残酷的"酒神节"。几天后，树叶重新打开，从里面掉下一堆白骨。从此之后，"吃人树"的传闻便风行开来。

在印度尼西亚的爪哇岛上，还生长着一种可怕的树，名叫"奠柏树"。这种树长有许多柔韧的枝条，长长地拖在地上，像电线，微风一吹，枝条就会轻轻舞动。一旦人或野兽触动了一根枝条，树好像得到了警报，千百条枝条像毒蛇似的同时席卷过来，把人紧紧缠住，直到把人缠死。至此它还不肯罢休，奠柏树还会从树枝里分泌出一种很黏的胶汁，慢慢地把人或兽"消化"掉。然后又重新展开枝条，等待着下一次机会。

当地人非但不肯将这种可怕的树毁掉，反而竭力加以保护。因为从奠柏上分泌出来的那种胶汁是非常名贵的药物原料。为了防止奠柏树下毒手，人们在采集胶汁之前，总是先拿鱼或其他荤腥食物把奠柏树喂饱。待到奠柏树像吃饱喝足的懒汉一样，即使有人再去碰它的枝条，它也再不愿意动弹时，他们就抓紧时间采集它的胶汁了。

在巴拿马的热带原始森林里，还生长着一种类似奠柏树的"捕人藤"。如果不小心碰到了藤条，它就会像蟒蛇一样把人紧紧缠住，直到勒死。

据报道，在巴西森林里，还有一种名叫亚尼品达的灌木，在它的枝头上长满了尖利的钩刺。人或动物如果碰到了这种树，那些带钩刺的树枝就会一拥而上，把人或动物围起来刺伤。如果没有旁人发现和援助，就很难摆脱掉。

一个又一个耸人听闻的报道，终于引起了植物学家的注意。1924年，英国有一位植物学家到马达加斯加岛作了两年的考察，他认为，他所到的地方和部落，都有吃人树的传说和故事，只不过没有像卡尔·李赫所描述的"吃人树"的吃人细节。

过了12年，英国人赫利特也花了4个月的时间去作"吃人树"的调查，但许多人都对他所拍的照片表示怀疑，认为树下动物的骨骼可能带有"人工"造作。

后来，他又去那个岛的东南地区作调查，可惜此去再也没有回来，也不知是不是落入"吃人树"之手。到了1971年，由一批南美洲科学家组成的探险队，深入马达加斯加岛，终于解开了"吃人树"的秘密。

他们认为，不存在卡尔·李赫所描写的那种奇树。考察队发现了两种奇特的树：一种树叶上的毛刺刺到人身上，会引起火烧火燎的疼痛，对小孩有死亡

的危险；一种是开花的树，会致人过敏，甚至造成死亡。

因此，目前科学家仍持两种态度。一些科学家认为，有些植物对光、声、触动都很敏感，如葵花向阳、合欢树的叶朝开夜合，含羞草对触动的反应等。按推理，吃人树与食肉植物一样，它的存在不是没有可能的。还有一些科学家则对吃人树做完全的肯定，认为这和它长期生活在贫瘠的土壤里有关。由于它长年累月得不到充足的养料，实在饥渴难耐，为了求得生存，便以人或动物的尸体作养料，久而久之，居然练出了这一绝招。

所有这些事例告诉我们，尽管现在还没有足够的证据证明吃人植物的存在，但植物并不像石头，它是有感觉的，而且十分灵敏。最近又有人发现，植物也有味觉和痛觉。有人也许要问，植物的感觉是如何产生的，又是怎么传递的呢？难道植物也有神经和大脑吗？这一切的一切，正待有志者去探索，去解开它的谜！

最粗的树木

在100年前出版的一部篇幅浩大的植物学著作中，列举了一些著名树种的树干直径。其中最粗的是栗树，直径20米；还有墨西哥落羽杉树，直径16.5米；悬铃木树，直径15.4米；巨杉树，直径11米；猴面包树，直径9.5米；宽叶椴树，直径9米；桉树，直径8米……由此可见，长得粗的树，往往是一些不太高的树种，如栗树高不过30米，墨西哥落羽杉高40米左右，猴面包树仅20多米高。

在世界各地，粗壮的树，多是一些历经沧桑的古树名木。例如我国山东莒县定林寺中的古银杏树，高24.7米，径粗15.7米，据说已活了3000多年。我国广西全州有株树龄超过2000年的古樟树，高30米，径粗6.6米。在日本九

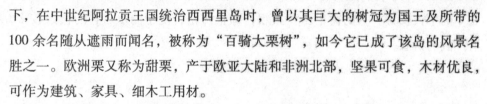

州鹿儿岛县有一株日本最大的古樟树，高30米，在距地面1.5米处的树干周长22.7米。

据《吉尼斯世界纪录大全》1985年版本记载，居于世界前三名的最粗的树分别是：墨西哥东部瓦哈卡州的一株墨西哥落羽杉树，树高48.8米，距地面1.52米处干围38.1米；欧洲西西里岛上的一株欧洲栗树，1972年测量结果为树干周长50.9米；非洲大陆上的一株猴面包树，树干周长超过54.9米，直径17.5米。

这三株异常粗壮的树中，最著名的是西西里岛上的欧洲栗树。这株树生长在埃特利火山脚下，在中世纪阿拉贡王国统治西西里岛时，曾以其巨大的树冠为国王及所带的100余名随从遮雨而闻名，被称为"百骑大栗树"，如今它已成了该岛的风景名胜之一。欧洲栗又称为甜栗，产于欧亚大陆和非洲北部，坚果可食，木材优良，可作为建筑、家具、细木工用材。

墨西哥落羽杉树，落叶或半常绿乔木，高可达50米，树冠广圆锥形。树干尖削度大，基部膨大。树皮黑褐色，长条状脱落。大枝斜生，一般枝条水平展开，大树的小枝微下垂。叶线形，扁平，紧密排列成二列，翌年早春与小枝一起脱落。春季花期，秋后果熟。

墨西哥落羽杉树原产于墨西哥东部，向北分布到美国德克萨斯州西南，向南分布到危地马拉，多生于暖湿的沼泽地上，树形优美，可作为风景树栽培。喜温暖湿润环境，耐水湿，原产地多生于排水不良的沼泽地内，对碱性土的适应能力较强，上海地区栽种未见黄化现象，生长十分迅速。墨西哥落羽杉树落叶期短，生长快，树形高大挺拔，是优良的绿地树种，可以孤植、对植、丛植和群植。也可种于河边、宅旁或人行道旁。

上述两种树在原产地很少有径粗超过4米的，因此上述干围38.1米的墨西哥落羽杉树和干围50.9米的欧洲栗树，都是在特定环境内积上千年的岁月才长成的，是世界上最珍贵的植物遗产之一。

在非洲东部的热带草原上，生长着一种很特别的植物，叫作猴面包树。它高不过 20 米，但树干很粗，最粗的树干的直径超过 12 米，要 20 个人手拉手才能把它围绕一周。

猴面包树为木棉科的落叶乔木，叶为掌状复叶，有小叶 3～7 片，叶柄长 10～12 厘米，小叶长圆形，长 7.5～12.5 厘米，顶端渐尖，叶背有毛，花白色，单生于叶腋，直径 12～15 厘米，有花瓣 5 片，果木质，长圆形，长 10～30 厘米，外形与黄瓜相似，果肉多汁，可食用。每当猴面包树的果实成熟时，猴子就成群结队前来，爬上树去摘果吃，因此人们把它叫作猴面包树。

猴面包树生长在干旱的热带地区，在这里，一年之中有八九个月是干旱季节。当旱季来临之时，全部落叶，以减少水分的散失，一到雨季，它靠发达的根系大量吸收水分，这时才出叶、开花。它把吸收到的水储存在树干里，维持长年的生长发育。它的树干虽然很粗，却很疏松，便于储水。它的枝条较多，有广阔的树冠。

最硬的植物

在植物界里，有一种刀斧难入的树种。由于它的材质硬，难锯，难刨，用斧头劈它时竟会迸出火星。所以，人们称它为铁刀木。铁刀木的硬度可达每平方厘米 656～698 千克。它的木材外围是黄色或白色，而中心部分是褐色或紫黑色，若露于空气中，则几乎成黑色，犹如铁石，因此也称它为"黑心木"，它是世界上最硬的树种。

铁刀木属于苏木科决明属常绿乔木，因材质坚硬刀斧难入而得名。在中国福建、台湾、广东、海南、广西和云南均有种植。

材质中等至坚重，纹理直，结构略粗，是建筑和制作家具、乐器的良材；

易燃，火力强，生长快，萌芽力强，是薪炭林、用材林的优良树种；叶茂花美，病虫少，还是良好的行道树与防护林树种；树皮、荚果制取栲胶；枝上放养紫胶虫，生产紫胶。树高达 20 米。偶数羽状复叶，小叶 6～11 对，薄革质，长椭圆形。花为伞房状总状花序，腋生或顶生，排成圆锥状，黄色。荚果条状，扁平，种子扁平。

喜光，不耐蔽荫。喜温，在年平均气温 21～24℃，极端最低气温在 2℃以上的热带地区生长最适宜。对土壤要求不严，在中国热带及南亚热带的硅红壤、红壤的分布范围内，排水良好的山地、平原均可造林，可直播造林。栽植造林一般用 1～2 年生苗木。萌芽力强，适于薪炭林的头木作业，通常三年采薪一次，可连续利用数十年。其特点有：

（1）树冠整齐宽广，花期长，叶茂花黄，病虫害少，是优秀的庭园绿阴树或行道树与防护林树种。

（2）材质中等至坚重，纹理直，是高级家具、建筑、乐器、薪炭用材林树种。

（3）铁刀木的叶子，是某些蝴蝶的食物来源。我国台湾省高雄县的"黄蝶翠谷"自然生态景观，是广种铁刀木而吸引大量的淡黄蝴蝶栖息所形成的自然景观。

铁刀木，其风格恰如其名。坚毅刚硬，古朴厚重，现代气息与历史风韵完美交融，时尚风味与文化内涵有机结合，符合潮流而又不失正统，巍然大气而又含蓄蕴藉，实在是科技术产品的又一款经典之作。

铁刀木心材常见的有暗褐色和紫黑色两种，材质坚硬而重，似铁色如刀质，故有此名。暗褐色和紫黑色是一种具有高贵、华美、厚重特点的颜色，沉稳、含蓄、内敛。而其坚硬的质地与颜色又很好地配合在一起，可谓相得益彰，共

同阐述着铁刀木卓尔不群、风华绝代之风格。

铁刀木的花纹常见的有通直和相互交错两种。一种在深色的表面，纹路虽朦胧隐约，但也可辨齐整划一，洒脱、干净、利落；还有一种花纹柔软轻盈，呈鸡翅的羽毛状，纤细、环绕，故也称铁刀木为"鸡翅木"，同时还像风吹湖面荡起的涟漪，细碎美丽，让铁刀木在厚实中又平添了几分轻灵，在沉静中又多了几许活泼。

最不怕火的树

中国南海的海松树与北美洲的沼泽松、红杉树一样，一旦发生火灾，最多叶子被烧掉，来年照样发新叶，正常开花结果。用它的木材做成烟斗，即使是成年累月地烟熏火烧，也烧不坏。当人们用一根头发绕在烟斗柄上，用火柴去烧时，头发居然烧不断。因为海松树的散热能力特别强，加上它木质坚硬，特别耐高温，所以不怕火烧。

长在非洲南部的水瓶树，高大粗壮，主干高达几十米，直径2米多，远看酷似一个巨大的啤酒瓶。此树除"瓶口"有稀少的枝条树叶外，其他别无分枝。所有的水分集中贮存在树干里，藏水量可达1吨，所以水瓶树既不怕干旱，也不怕火烧，即使附近的灌木丛都烧光了，它依然如故，最多只是毁损一些枝条树叶，次年雨季一到，又会长枝长叶。

"一点星星火，能毁万顷林。"火灾是破坏森林植被的主要元凶，是森林的大敌，人类曾为扑救森林火灾付出巨大的代价。1978年大兴安岭林区火灾，人们至今记忆犹新。森林火灾重在预防，而森林防火又是一门涉及多专业、多学科的综合性工作。在与火魔长期的斗争中，人们发现有不少绿色植物能有效阻止大火蔓延，是天然的"消防员"。

木荷树就是其中一位，它是防火树种中的佼佼者，素有"烧不死"之称。木荷树之所以能成为防火树种中的佼佼者，主要有以下几个特点：一是木荷树的树叶含水量达42％，也就是说，在它的树叶成分中，有将近一半是水分。这种含水超群的特性，使得一般的山火奈何不了它。二是它树冠高大，叶子浓密。一条由木荷树组成的林带，就像一堵高大的防火墙，能将熊熊大火阻断。三是它的种子轻薄，扩散能力强。木荷种子薄如纸，每千克20多万粒。种子成熟后，能在自然条件下随风飘播60～100米，这就为它扩大繁殖奠定了基础。四是它有很强的适应性。既能单树种形成防火带，又能混生于松、杉、樟等林木之中，起到局部防燃阻火的作用。五是木质坚硬，再生能力强。坚硬的木质增强了它的拒火能力，更惊奇的是，即使头年着过火，被烧伤的木荷树第二年就萌发出新枝叶，恢复生机。木荷树主要分布于中国中部至南部的广大山区，既是良好的用材林，又是美丽的观赏林，但人类越来越欣赏它的防火特长。有的将它混种于其他林木之中，有的以它为主体，种成防火林带，均收到了良好效果。

生长在澳大利亚西部特贝城镇内的喷水树，树根粗壮繁密，它们犹如一台台安装在地下的抽水泵，而粗壮的树干就成了贮水罐。一旦附近发生火情，消防人员只要在树干挖一个小洞，树干中的水就会像自来水一样自动喷出，供人们应急灭火。

纺锤树生长在旱季特长的南美洲巴西东部。此树天生两头细，中间粗，酷似一只大纺锤。由于此树只长稀疏的几根树杈，远看既像一根大萝卜，又像一个大花瓶，所以又叫萝卜树、花瓶树。一株30米高的树，体内可贮2吨多水，素有"植物水塔"的美誉，为巴西的珍奇树种之一。

生长最快的植物

生长在我国云南、广西及东南亚一带的团花树，一年能长 3.5 米高，被称为"奇迹树"。生长在中南美洲的轻木树每年能长 5 米。但是，木本植物生长速度的绝对冠军应该是毛竹。它从出笋到长成竹子只需 2 个月左右的时间，就能长到 6～7 层楼房那么高，在生长高峰期，一昼夜就能长 1 米多。

毛竹又称楠竹。毛竹生长快、成材早、产量高、用途广。造林 5～10 年后，就可年年砍伐利用。一株毛竹从出笋到成竹只需 2 个月左右的时间，当年即可砍伐用做造纸原料。若作为竹材原料，也只需 3～6 年的加固生长就可砍伐利用。经营好的竹林，除竹笋等竹副产品外，每亩可年产竹材 1500～2000 千克。

我国早在殷商时代就有用竹编制竹器等的习惯和经验，用竹子造房在我国也有 2000 多年的历史；在现代建筑工程中，毛竹被广泛用来架设工棚和脚手架；毛竹还是造纸和人造丝的优良原料；竹材劈成的薄篾可编制成很多生产工具、生活用品和工艺品。竹竿、竹片可制成竹床、竹椅及通风保健席等。近年来，竹胶合板的开拓制品更具市场引力。此外，竹枝、竹鞭、竹箨、竹根、竹篼等都可加工成很具经济价值的竹工艺品。毛竹笋营养丰富、味道鲜美，是我国的传统佳肴，且作为一种保健食品制成的各种笋干、笋罐头已畅销国内外。因此，毛竹具有很大的国际、国内市场潜力。毛竹鞭根发达，纵横交错，栽植在江堤、湖岸有固土防冲作用。竹林四季常青，挺拔秀丽，是绿化的优良树种。

毛竹是多年生常绿乔木植物，但其生长发育不同于一般乔木树种，它是由地下部分的鞭、根、芽和地上部分的干、枝、叶组成的有机体。毛竹不仅具有根的向性地生长和干的反向地性生长，而且具有鞭（地下茎）的横向地起伏性生长。竹竿寿命短，开花周期长，没有次生生长，竹鞭具有强大的分生繁殖能力。竹鞭一般分布在土壤上层 15~40 厘米的范围，每节有一个侧芽，可以发育成笋或发育成新的竹鞭。壮龄竹鞭上的部分肥壮侧芽在每年夏末秋初开始萌动分化为笋芽，到初冬笋体肥大，笋壳（箨）呈黄色，被有绒毛，称冬笋。

冬季低温时期，竹笋在土内处于休眠状态，到了第二年春季温度回升时，又继续生长出土，称为春笋。春笋的笋壳为紫褐色，有黑色斑点，满生粗毛。春笋中一些生长健壮的，经过竹笋—幼竹 40~50 天的生长过程后，竹竿上部开始抽枝展叶而成为新竹。新竹第 2 年春全株换叶一次，以后每两年换叶一次，每换叶一次称为一"度"。新竹经过 2~5 年生理代谢，抽鞭发笋能力强、竹竿材质处于增进期的幼—壮龄竹阶段；再经过 6~8 年的竹竿材质生长达到力学强度稳定的中龄竹阶段；9 年以上的竹将出现生长衰退的下降趋势，进入老龄竹阶段。故在毛竹林培育上，应留养幼、壮龄竹，砍伐中、老龄竹。

毛竹也会开花结实，这是正常的生理现象，是成熟衰老的象征。毛竹开花一年四季都可能发生，开花一般持续 3~5 年。毛竹开花是对竹林生产上的巨大威胁，应设法防止。

毛竹是多年生常绿树种。根系集中稠密，竹竿生长快，生长量大。因此，要求温暖湿润的气候条件，年平均温度 15~20℃，年降水量为 1200~1800 毫米。对土壤的要求也高于一般树种，既需要充裕的水湿条件，又不耐积水淹浸。在板岩、页岩、花岗岩、砂岩等母岩发育的中、厚层肥沃酸性的红壤、黄红壤、黄壤上分布多，生长良好；在土质黏重而干燥的网纹红壤及林地积水、地下水位过高的地方则生长不良。在造林地选择上应选择背风向南的山谷、山麓、山腰地带；土壤厚度在 50 厘米以上；肥沃、湿润、排水和透气性良好的酸性沙质土或沙质壤土的地方。

竹子的生长比较特别，它是一节节拉长。竹笋有多少节和多粗，长成的竹子就有多少节和多粗。一旦竹子长成，就不再长高了。而其他所有树木的生长，是由幼嫩的芽尖，慢慢加粗伸长，经几十年至几百年，它还会慢慢地加粗长高。

最短命的植物

在植物王国里，除了有银杏、红杉、巨杉、龙血树等能活四五千年的"老寿星"，还有一些只能活几个月、几个星期的"短命鬼"。

有一种叫罗合带的植物，生长在严寒的帕米尔高原。那里的夏天很短，到 6 月间刚刚有点暖意，罗合带就匆匆发芽生长。过了一个月，它才长出两三根枝蔓，就赶忙开花结果，在严霜到来之前就完成了生命过程。它的生命如此短促，但是尚能以月计算。

瓦松是一种生长在瓦房顶上的草。在干旱的季节里，瓦松的种子躺在瓦沟里，耐心地等待着雨季的到来。雨季来了，瓦松的种子吸足了水分，迅速地发芽生根，长成植株，很快就开花结果，完成了自己繁殖后代的使命。雨季刚刚过去，它便枯黄死去。

生长在非洲沙漠里的木贼，也是一种短命的植物。它的种子在降雨后 10 分钟就开始萌动发芽，10 个小时以后，就破土而出，迅速地生长，仅仅两三个月就走完了自己的生命历程。

瓦松、木贼的生命旅程虽然很短，但还不是世界上寿命最短的植物。在非洲的撒哈拉大沙漠里，有一种叫短命菊的菊科植物，它才是世界上最短命的植物。在干旱的沙漠里，雨水十分稀少，只要有一点点雨滴的湿润，短命菊的种

188

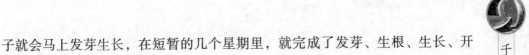

子就会马上发芽生长，在短暂的几个星期里，就完成了发芽、生根、生长、开花、结果、死亡的全过程。真是来也匆匆，去也匆匆。

中国最长寿的树木

我国历史悠久，名胜古迹多，文化遗产十分丰富，古树当然也不例外，堪称世界奇观。

其中寿命最长的要首推"黄陵古柏"。这株著名的古树，生长在陕西省黄陵县桥山上轩辕黄帝陵的庙院内。树高20米，径粗10多米，7人合抱尚不能合围。据传说，为轩辕黄帝亲自所植，距今已有四五千年。

台湾阿里山的神木——红桧树，据说有3000年的历史！

山西省太原市城南25千米处的全国重点文物保护单位晋祠，有一景称作"周柏齐年"，是指一株周朝的柏树，距今已3000余年。

山东莒县的定林寺有一株硕大的银杏树，也有3000多岁，至今仍果实累累。

广西贵县南山寺殿后洞口峭壁上有一棵松树，在崖上刻有"不老松"三个字，3000年来一直枝干挺拔，人们每每借此作为祝寿的象征。

山东曲阜孔庙中一株桧树，传为孔子所植，距今已有2400多年了。

近年来，在西藏高原上发现了许多古柏，其中有的达2300年以上。在广西越城岭下金州县大西江乡境内的钱塘山谷，发现了一株古樟，据县志记载，已有2000多年的历史。

在江苏苏州吴县的司传庙有4株古柏，分别名为清、奇、古、怪，各有特色，尤其是怪柏，遭受雷击，后又复活，历经风雨，仍发新枝叶，据推算，这4株古树已有1800余岁的高龄。陕西勉县诸葛亮墓前有20多株古柏，皆为公元

262 年栽植，至今已有 1700 多年。

江西庐山的黄龙寺，寺前的晋朝时候的银杏和两株椰杉，树高 40 多米，距今已一千五六百年。据说是一个名叫墨铣的和尚种植的。

南京工学院有一棵六朝松，已活了 1400 多年。

福建莆田县城关原宋氏宗祠庭院内，有一株名叫"宋家香"的荔枝树，植于唐玄宗年间，至今已有 1200 多年的历史，夏日仍果实累累。

四川成都草堂公园的罗汉松，据说是杜甫亲手种植的四松之一，至今有 1200 余年。

此外，还有泰山秦始皇封的"五大夫松"、河南嵩山嵩阳书院的汉将军柏、泰山岱庙的"汉柏"、四川灌县青城山的汉银杏、湖南衡山福严寺的"唐代银杏"、浙江金华的古柏、山东崂山的"华盖未干"、古城西安及山西太原城内的唐槐、昆明黑龙潭的宋柏，北京中山公园的辽柏、劳动人民文化宫的古柏、北海公园的唐槐、门头沟区戒台寺内的卧龙松、迎客松、府学胡同内由民族英雄文天祥亲手植的古槐等，皆久负盛名，为游人所称道。

可是，世界上竟然还有比上面所述还长寿的树！

含油量最高的植物

棕榈科油棕属多年生乔木，热带地区重要油料作物之一，经济寿命 20～30 年，自然寿命可达 100 多年。果肉和种子含油量甚高，有"世界油王"之称。

油棕树原产于热带非洲，现北纬 13°至南纬 12°之间的热带地区均有分布。中国在 20 世纪 20 年代从东南亚引入海南岛等地零星试种，现仅少量分布于海南岛南部、西北部和云南省西双版纳。世界油棕总面积约有 7000 万亩，其中栽培面积 2000 多万亩。1982 年世界产棕油 635 万吨，而最大生产国马来西亚约占其中的50%以上，主要生产国还有印度尼西亚、尼日利亚、扎伊尔等。

　　油棕树茎直立不分枝，高 10 多米，叶螺旋状，着生于茎顶，长 4～6 米，羽状全裂，每叶具有 100～160 对裂片，叶柄有刺，不易脱落，修叶后叶基呈鳞片状久留于茎上。花单性，肉穗花序，雌雄同株异序，着生于叶腋。每个成熟果穗有 1000～1500 个果实，一般穗重 10～15 千克，最重可达 50 千克。新鲜的果肉和种仁含油率达 50% 左右。油棕树主要有厚壳种、薄壳种和无壳种 3 个品种。通常用优良厚壳种（母本）与优良无壳种（父本）杂交而获得产油量高的薄壳种作为种植材料，矮生美洲油棕也可作为育种材料。

　　油棕树喜高温、多雨、强光照和土壤肥沃的环境。以年平均温度 25～27℃，年雨量 2000～2500 毫米，且分布均匀，日照 5 个小时以上的地区最为适宜；在年平均温度 23～24℃，雨量 1500～1800 毫米，无霜害的地区也可栽培。但干旱期长且有短期低温和风害的地区，不利于油棕树的生长发育。

　　油棕树种子发芽缓慢，需置于 40℃的恒温箱内处理 60～70 天，然后浸种催芽，用塑料袋育苗 14～16 个月后移植大田。每亩定植 10～12 株，采用三角形植距较好。定植初期行间种植覆盖作物，每年根圈除草 3～4 次，以施氮肥为主，磷、钾肥为辅，另施有机肥。成龄树每年修叶一次，留叶 35 片左右。投产后要进行人工授粉，以提高果穗产量。主要害虫有果穗螟、刺蛾等，可用药剂或生物防治。主要病害为果腐病，发病的原因与气候、营养、过度修叶和不授粉有关，可用综合措施防治。另外，萎蔫病和苗疫病也是油棕树的致命病害。

　　油棕树定植后 3～4 年开始结果，授粉 6 个月后，果实由紫青色转变为橙红色时开始成熟。在气候适宜的地区，每月都有收获。中国海南岛因受气候影响，每年收获期为 4～11 月，果穗收获后须尽快加工，先在杀酵灌内用蒸汽（压力 245～294 千帕）处理 1 小时，然后入脱果机脱果，经捣碎罐捣碎果肉，再送入压榨机或离心机，由此提取的原棕油要在 80～90℃下静置一段时间，使原棕油中所含水分、杂质同油分离，再经过滤和干燥即得橙色的粗棕油。从榨油残渣中分离出的果核经干燥破壳，取得核仁，再经粉碎、压榨，即得棕仁油。薄壳种果穗出油率一般为 21%～23%，厚壳种为 15%～18%，棕油和棕仁油精炼后均可食用，工业上主要用于制造肥皂，还可用做防锈油、润滑剂等，棕仁粕和

千姿百态的植物

植物揭秘

果渣含蛋白质和脂肪可配制饲料。

最奇特的植物习性

陆地上的植物，几乎都在地上开花地面上结果，在地上开花地面下结果的植物并不多见，而花生就是在地上开花地面下结果的植物，所以人们叫它落花生。

花生幼苗出土以后，经过 18~25 天，就开始开花。在傍晚的时候，慢慢地显露出黄色花朵，到次日晨 7 点钟左右，花朵开放，当天就凋萎。开花以后的第 4 天，它的子房柄伸长，向土下生长，大约经过 50 天，果实便成熟了。

花生最古怪的脾气就是一定要在黑暗的环境里，它的果实才能长大；如果暴露在有光的空气中，它就不结果。有人曾经做过试验，如果把已经入土的果针弄出来，它再入土的能力就减弱了。假如把已经形成的小果实挖出来，它就不再钻进土，并且不能正常生长，果壳变成淡绿色，形状像橄榄。要是在果针没有钻进土壤以前，我们用不透光的东西，把结果的部分包扎起来，它也能结成果实。以上试验证明，要使花生果实长得好，首先要给它一个黑暗的环境。

花生为豆科作物，是优质食用油的主要油料品种之一，又名"落花生"或"长生果"。花生是一年生草本植物。起源于南美洲热带、亚热带地区。约于 16世纪传入中国，19 世纪末有所发展。现在全国各地均有种植，主要分布于辽宁、山东、河北、河南、江苏、福建、广东、广西、四川等省区。其中以山东省种植面积最大，产量最多。

花生的果实为荚果，通常分为大中小三种，形状有蚕茧形、串珠形和曲棍形。蚕茧形的荚果多具有两粒种子，串珠形和曲棍形的荚果，一般都具有三粒以上种子。果壳的颜色多为黄白色，也有黄褐色、褐色或黄色的，这与花生的品种及土质有关。花生果壳内的种子通称为花生米或花生仁，由种皮、子叶和胚三部分组成。种皮的颜色为淡褐色或浅红色。种皮内为两片子叶，呈乳白色或象牙色。

花生果具有很高的营养价值，内含丰富的脂肪和蛋白质。据测定花生果内脂肪含量为44%～45%，蛋白质含量为24%～36%，含糖量为20%左右。并含有硫胺素、核黄素、烟酸等多种维生素。矿物质含量也很丰富，特别是含有人体必需的氨基酸，有促进脑细胞发育，增强记忆的功能。花生的主要功能有以下几种：

（1）促进人体的生长发育。花生中钙含量极高，钙是构成人体骨骼的主要成分，故多食花生，可以促进人体的生长发育。

（2）促进细胞发育，提高智力。花生蛋白中含十多种人体所需的氨基酸，其中赖氨酸可使儿童提高智力，谷氨酸和天门冬氨酸可促使细胞发育和增强大脑的记忆能力。

（3）抗老化，防早衰。花生中所含有的儿茶素对人体具有很强的抗老化的作用，赖氨酸也是防止过早衰老的重要成分。常食花生，有益于人体延缓衰老，故花生又有"长生果"之称。

（4）润肺止咳。花生中含有丰富的脂肪油，可以起到润肺止咳的作用，常用于久咳气喘、咳痰带血等病症。

（5）凝血止血。花生衣中含有油脂和多种维生素，并含有使凝血时间缩短的物质，能对抗纤维蛋白的溶解，有促进骨髓制造血小板的功能，对多种出血性疾病，不但有止血的作用，而且对原发病有一定的治疗作用，对人体造血功能有益。

（6）防止冠心病。花生油中含大量的亚油酸，这种物质可使人体内胆固醇分解为胆汁酸排出体外。避免胆固醇在体内沉积，减少高胆固醇发病概率，能够防止冠心病和动脉硬化。

（7）滋血通乳。花生中含丰富的脂肪油和蛋白质，对产后乳汁不足者，有滋补气血，养血通乳作用。

（8）预防肠癌。花生纤维组织中的可溶性纤维被人体消化吸收时，会像海绵一样吸收液体和其他物质，然后膨胀成胶带体随粪便排出体外。当这些物体经过肠道时，与许多有害物质接触，吸取某些毒素，从而降低有害物质在体内的积存和所产生的毒性作用，减少肠癌发生的概率。

花生种子富含油脂，从花生仁中提取油脂呈淡黄色，透明、芳香宜人，是优质的食用油。花生油是将花生仁经过制浸而成的油。花生油属于不干燥性油，色泽淡黄，透明度好，清香可口，是优良烹调用油。花生油很难溶于乙醇，人们可以通过将花生油注入70%乙醇溶液加热至39～40.8℃，看其混浊程度，来鉴定花生油是否为纯品。

吃虫植物之最

猪笼草是食虫类的常绿半灌木藤本植物。它高2～3米，长有奇特的叶子，基部扁平，中部很细，中脉延伸成卷须，卷须的顶端挂着一个长圆形的"捕虫瓶"，瓶口有盖，能开能关。外形如运猪用的笼子，因此得名。

"捕虫瓶"的构造比较特殊，瓶子的内壁有很多蜡质，非常光滑；中部到底部的内壁上约有100万个消化腺，能分泌大量无色透明、稍带香味的酸性消化液，这种消化液中含有能使昆虫麻痹、中毒的胺和毒芹碱。平时，"捕虫瓶"内总盛有半瓶左右的这种消化液。同时，在"捕虫瓶"的瓶盖内侧和边缘部分有许多蜜腺，能分泌出又香又甜的蜜汁，用它来诱惑昆虫。当"捕虫瓶"敞开着这蜜罐盖时，便会招来许多贪吃的小昆虫，一旦小虫掉进"捕虫瓶"里，瓶盖马上自动关闭，昆虫很快中毒死亡。不久，所有的肢体都被消化变成猪笼草所需的营养物被吸收。接着"蜜罐"盖又会打开，等待捕捉下一个猎物。猪笼草喜欢在向阳的潮湿地带生活，如果生长的土地过于干燥，它就不会长出"捕虫瓶"。

猪笼草是具有很高观赏价值的植物。其美丽的叶笼特别诱人，是目前食虫植物中最受人青睐的种类。猪笼草是最典型的食虫植物，为热带食虫植物的代表。它形态构造奇特，捕虫能力很强，一个叶片的袋内捕食各种虫子可达上百只，是消灭各种蚊蝇、蚁类等家庭卫生害虫的绿色卫士。

猪笼草原产于东南亚和澳大利亚的热带地区。1789 年引进到英国种植，然后在欧洲的主要植物园内栽培观赏。1882 年培育成了第一个新品种的猪笼草——绯红猪笼草。1911 年又选育了库氏猪笼草。到了 20 世纪中叶，猪笼草的育种、繁殖和生产开始产业化，并进入家庭观赏。20 世纪 90 年代以来，美国、日本、法国、德国、澳大利亚等国成立了国际食虫植物协会。

猪笼草虽然在我国的广东等地有野生分布，但很少应用。直到 20 世纪 80 年代以后，从国外引进了猪笼草优良品种，主要用于花卉展览。让有趣的猪笼草进入千家万户，并成为我国盆栽花卉之一，不失为猪笼草的一个发展方向。

猪笼草的种类非常之多，常见同属种类有瓶状猪笼草，叶笼短，黄绿色。二距猪笼草，叶披针形，笼面深绿色。绯红猪笼草，笼面黄绿色，具红褐色斑条。库氏猪笼草，叶笼短，黄绿色，具红褐色斑条。中间猪笼草，笼面绿色，具淡紫红斑点。劳氏猪笼草，笼面黄绿色，具褐色斑点。奇异猪笼草，笼面黄绿色，叶笼上口具红晕。拉弗尔斯猪笼草，笼面黄绿色，具淡紫褐色斑点。大猪笼草，叶笼大，长 30 厘米，笼面红褐色，具绿色条纹。血红猪笼草，笼面淡

红色。狭叶猪笼草，笼面褐绿色，具红色斑点，叶笼长 15～18 厘米，宽 3～4 厘米。华丽猪笼草，笼面黄绿色，具深红色条纹斑。长柔猪笼草，笼面红褐色。

猪笼草的生长适温为 25～30℃，3～9 月为 21～30℃，9 月至翌年 3 月为 18～24℃。冬季温度不低于 16℃，15℃ 以下植株停止生长，10℃ 以下温度会使叶片边缘遭受冻害。

猪笼草对水分的反应比较敏感。猪笼草在高湿条件下才能正常生长发育，生长期需经常喷水，每天需 4～5 次。温度变化大，过于干燥，都会影响叶笼的形成。

猪笼草为附生性植物，常生长在大树林下或岩石的北边，自然条件属半阴。夏季强光直射下，必须遮阴，否则叶片易灼伤，直接影响叶笼的发育。但长期在阴暗的条件下，叶笼形成慢而小，笼面彩色暗淡。土壤以疏松、肥沃和透气的腐叶土或泥炭土为好。盆栽常用泥炭土、水苔、木炭和冷杉树皮屑的混合基质。

最高的树木

茫茫林海里，一株株参天大树像是要一比高低似的竞相生长。在这种类繁多的树种中，谁能争得世界上最高的树的桂冠呢？下面就让我们来为它们作一番评判。

树木的高矮粗细，是由树种的遗传基因决定的，也受外界环境条件的影响和制约。在城镇中，往往一株高 30 米的杨树就显得格外突出。在茫茫的林海中，虽然树种繁多，但也很少有身高超过 50 米的树木。

在我国东北原始森林中的红松树，可以长到 50 米高，粗 1.5 米左右，有"木材之王"的美誉。浙江西天目山的林中，有一些金钱松树高 45 米以上，最高的一株高达 56 米,被称为"冲天树"。台湾岛的原始森林中,台湾杉树高耸于上层林冠之上,最高的有 60 米。1975 年,我国的科学工作者在云南西双版纳的原始森林里,发现了一种极为高大的树。它的树冠超出了其他树的树冠足足有 20~30 米,远远望去,就像是一只仙鹤落在了鸡群里。测量表明,这种高大的阔叶树高达 60~70 米,最高的超过 80 米,这高度在我国的几千种树木中位居榜首。因为这种树实在是太高大了,人们在仰望它的树冠的时候,就如同望天一般,所以,人们给它取名叫"望天树"。

望天树虽然高,但还不是世界上最高的树。世界上植物种类最丰富的地区是巴西亚马孙河流域和东南亚的热带雨林,那里树种繁多,虽然也有一些高达 60~70 米的巨树,但却不是世界最高树的故乡。

目前,在全球数万种树木中,已记录到的超过 100 米高的树只有 3 种,它们分布在北美洲太平洋沿岸的北美红杉树和道格拉斯黄杉树以及生长在澳大利亚东南部的桉树。这 3 种树的产地都位于温带地区,而且都具有夏季干旱,冬季降水丰富的气候特点。

在近代,这 3 种世界最高的树都遭到了人类的大量砍伐,因此失去了许多几百年以至千年才长成的高大成员,人们只能凭借一些记录资料了解它们昔日的风采了。1872 年 12 月,一位澳大利亚维多利亚州林业检查员在报告中记录了一株高 132.6 米的王桉。1902 年,一位科学家在加拿大不列颠哥伦比亚的林恩谷中测量了一株道格拉斯黄杉树,结果是高 126.5 米。1930 年,在美国华盛顿州人们发现了一株高 117.45 米的道格拉斯黄杉树。1880 年,在澳大利亚的维多利亚州,人们曾发现过一株高 114.3 米的王桉。目前仍存在的一株北美红杉树,高约 112 米,生长在美国加利福尼亚州西北部沿海的红杉树国家公园内。这株劫后余生的红杉巨树,受到了美国政府的特别保护,每年都有几十万游客前来瞻仰它的雄姿。

道格拉斯黄杉和红杉树的高度超了 100 米,不愧是树中的巨人,但是它们还戴不上世界上最高的树的桂冠。澳大利亚的杏仁桉树的高度可以达 150 多米,这位世界植物巨人戴上最高树的桂冠才当之无愧。杏仁桉树非常能喝水,活像一台"吸水泵",如果把它种在沼泽地里,它很快会把水抽干。令人不可思议

的是，这位"巨人"的身材虽然高大，但是它的种子却小得出奇，二十几粒合起来，才不过一颗米粒大小。

杏仁桉树一般都高达 100 米，其中有一株，高达 156 米，树干直插云霄，有 50 层楼那样高。在人类已测量过的树木中，它是最高的一株。鸟在树顶上歌唱，在树下听起来，就像蚊子的嗡嗡声一样。

这种树基部周围长达 30 米，树干笔直，向上则明显变细，枝和叶密集生在树的顶端。叶子生得很奇怪，一般的叶是表面朝天，而它是侧面朝天，像挂在树枝上一样，与阳光的投射方向平行。这种古怪的长相是为了适应气候干燥、阳光强烈的环境，减少阳光直射，防止水分过度蒸发。